高职高专艺术设计类新形态教材

包装设计

PACKING DESIGN

主　编　黄春峰　黄翠崇

副主编　唐晓辉　覃　剑　梁爱媛
　　　　刘丽华　陆福海　温郭英

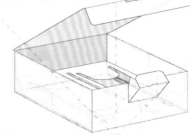

北京理工大学出版社

BEIJING INSTITUTE OF TECHNOLOGY PRESS

内容简介

　　本书以实操为教学内容的侧重点，以市场设计项目案例为训练目标，全面、详尽、动态地展示了包装创意设计、包装图文编排设计制作的实训流程与技巧。全书共分为七个项目，主要内容有包装设计概述，包装设计的定位、策略与表达，包装材料与造型结构设计，包装设计的视觉要素传达，系列化包装设计，包装印刷工艺概述，包装设计实训。

　　本书可作为高等院校艺术设计类专业的教学用书，也可供专业设计技术人员参考使用。

图书在版编目（CIP）数据

包装设计 / 黄春峰，黄翠崇，梁爱媛主编 .—北京：北京理工大学出版社，2020.7（2020.9 重印）
ISBN 978-7-5682-8802-6

Ⅰ.①包…　Ⅱ.①黄…②黄…③梁…　Ⅲ.①包装设计－高等学校－教材　Ⅳ.① TB482

中国版本图书馆 CIP 数据核字（2020）第 137159 号

出版发行 / 北京理工大学出版社有限责任公司
社　　　址 / 北京市海淀区中关村南大街5号
邮　　　编 / 100081
电　　　话 /（010）68914775（总编室）
　　　　　　（010）82562903（教材售后服务热线）
　　　　　　（010）68948351（其他图书服务热线）
网　　　址 / http://www.bitpress.com.cn
经　　　销 / 全国各地新华书店
印　　　刷 / 天津久佳雅创印刷有限公司
开　　　本 / 889毫米×1194毫米　1/16
印　　　张 / 6　　　　　　　　　　　　　　　　责任编辑 / 封　雪
字　　　数 / 190千字　　　　　　　　　　　　　文案编辑 / 毛慧佳
版　　　次 / 2020年7月第1版　2020年9月第2次印刷　责任校对 / 刘亚男
定　　　价 / 42.00元　　　　　　　　　　　　　责任印制 / 边心超

前 言

随着改革开放的深入和经济的强劲发展，中国的设计教育也得到了前所未有的进步，并逐步形成了高层次的设计人才培养格局。包装设计不仅是一种艺术创造活动，更是一种重要的市场营销活动。包装是产品内容和形式的艺术体现，也是商品运输安全的重要保障。在设计领域中，包装设计占有重要位置，优秀的包装设计必须符合市场规律，能够正确引导人们的生活方式和消费观念。当今社会，随着对设计类人才需求的增加，我国许多高校开设了艺术设计专业，在设计教育的办学理念、办学目标、教学模式、学科建设、课程体系、教学内容等方面都进行了改革创新。

本书以培养应用型人才为目的，以研究包装的材料应用、结构、创意构思、设计流程、印刷工艺、后期处理设计活动为主线，对教学内容进行了精选、拓宽与优化。本书遵循理论、实践与市场相结合的原则，从包装设计的定义、历史和发展趋势、功能分类和要求到包装设计的市场调研与定位，再到包装的容器造型设计和平面视觉设计，最后到包装的印刷工艺和制作实训，对包装设计的各类相关知识进行了不同角度的阐释。本书针对包装设计市场岗位群的需求培养学生市场适应能力，进而激发学生的市场就业、创业的潜能。

本书主要特色如下：

（1）内容新颖，介绍了时下国际最为新颖的包装设计理念、包装材料与技术、包装色彩流行趋势，以及包装特殊表面工艺等。

（2）理念先进，基于国际先进的 CDIO 工程教育理念，课后思考与实训着重包装设计实践，与每章理论内容有机结合；且前后章节的思考与实训自然衔接，循序渐进地培养学生的创新设计思维，以及系统解决实际问题的实践能力。

（3）取材范围广，较为全面地阐述了包装新材料、新工艺、新趋势。

（4）内容深入浅出，文字准确简洁，较少涉及深奥的理论与原理，有助于读者理解与学习。

本书在编写过程中参阅了大量文献，在此向原作者致以衷心的感谢！由于时间仓促，编者的经验和水平有限，书中难免有不妥和错误之处，恳请读者批评指正。

编　者

CONTENTS
目录

01
项目一　包装设计概述 // 001

任务一　包装的含义 // 001
任务二　包装的历史和发展趋势 // 002
任务三　包装的功能、分类与要求 // 011
任务四　包装设计的程序 // 016

02
项目二　包装设计的定位、策略与表达 // 018

任务一　项目分析与市场调研 // 018
任务二　包装设计定位和构思 // 019
任务三　包装设计的策略 // 022
任务四　设计表达 // 026

03
项目三　包装材料与造型结构设计 // 028

任务一　包装材料的选择 // 028
任务二　包装造型设计 // 034
任务三　包装结构设计 // 038

04
项目四　包装设计的视觉要素传达 // 048

任务一　文字包装 // 048
任务二　图形传达 // 051
任务三　色彩传达 // 053
任务四　版式传达 // 056

05
项目五　系列化包装设计 // 061

任务一　系列化包装设计的产生 // 061
任务二　视觉传达的系列化包装设计形式 // 062
任务三　系列化包装设计的发展趋势 // 064

06
项目六　包装印刷工艺概述 // 066

任务一　印刷工艺流程 // 066
任务二　制版稿制作基本要求 // 067
任务三　印刷的种类与特点 // 069
任务四　印刷后期加工工艺 // 074

07
项目七　包装设计实训 // 076

任务一　化妆品包装设计 // 076
任务二　食品包装设计 // 079
任务三　电子产品包装设计 // 082
任务四　礼品包装设计 // 085

参考文献 // 090

包装设计概述

PROJECT I

了解包装的含义以及包装的历史和发展趋势；理解包装的功能、分类与要求；掌握包装设计的程序。

任务一　包装的含义

包装与产品是一对孪生子，有了产品就需要有包装。中国古文字中的"包"字是一个育子于子宫中的象形字，如图 1-1 所示。

图 1-1　中国古文字中的"包"字

根据一般的解释，"包"有包藏、包裹、收纳等意义；而"装"则有装束、装扮、装载、装饰与样式、形貌等含义。美国包装协会将包装定义为："包装是为产品的运出和销售所做的准备行为。"英国标准协会将包装定义为："包装是为货物的运输和销售所做的艺术、科学和技术上的准备工作。"日本《包装用语词典》中将包装定义为："包装是使用适当的材料、容器而施以技术，使产品安全到达目的地，即在产品运输和存储过程中能保护其内部物品及维护其价值。"我国国家标准对包装的定义是："包装是指为在流通过程中保护产品、方便运输、促进销售，按一定技术方法而采用的容器、材料及辅助物等的总体名称，也是指为了达到上述目的而在采用容器、材料和辅助物的过程中施加一定技术方法等的操作活动。"

从设计的角度讲，包是用材料将物体包裹起来，目的是使东西不受损坏，方便运输；装是对物体进行装饰、点缀，是指将包裹好的东西用不同的手段、方法进行美化装饰，让商品看上去更美，因此，包装是商品的附属品，是实现商品价值的一个重要手段。包装的基本职能是保护商品和促进商品销售（图 1-2 ~图 1-5）。

图 1-2 果汁包装（印度）

图 1-3 啤酒包装 Monteiths Varietals（美国）

图 1-4 食品包装 Andy Audsley（英国）

图 1-5 饮料包装 Tetra Pak（阿根廷）

任务二 包装的历史和发展趋势

一、包装设计的起源

包装作为保存与储藏物品的材料和容器，具有悠久的历史，可追溯到远古时代。如中国磁山文化遗址的窑穴中就发现了公元前 5000 多年前储藏物品的原始陶器。西安半坡遗址出土的文物，证实公元前 4000 多年前人类就采用陶器盛水和储藏粮食了。包装的诞生与生产和生活的需要分不开，是人类智慧的产物。随着生产的发展和产品交换的出现，包装也随之产生，距今已有四五千年的历史。

远古时期，由于生产力水平极为低下，古人仅靠双手或简单的工具获取必需的生活资料。在这一漫长过程中，他们对自然事物有了一定的认知。或许受到自然事物的启发，古人逐渐学会了利用植物叶、果壳、兽皮等来盛装、转移所获之物。从唯物主义发展观来看，它们应是最具原始形态的包装。随着制瓷工艺的出现，瓷质包装以其良好的表面装饰性能，成为古代包装中最为广泛而重要的门类之一。可以说，这是古代包装发展史上一次新的跨越。青铜器是人类科技历史上的一项伟大发明。考古资料显示，我国原始社会末期出现的青铜器，在进入阶级社会后逐渐成为主要的器物。据考古发现，我国商代出现了贵重金属，至西汉，金银器物开始出现。对于古代包装而言，稀有的金银为宫廷奢华风格的包装提供了物质基础。另外，金银材料使古代包装容器在造型、装饰方面有了更为广阔的表现空间，同时，也使古代包装的表现形式更趋多样化和艺术化。这一时期的包装容器如图1-6～图1-8所示。

随着生产力的提高，人类进入新的历史发展时期，手工业使劳动分工有了根本性的提高。在西方，随着早期资本主义商品的产生，商品交换成了产品交换的主要形式。包装在功能上发生了根本性的变化。美国作家罗伯特·奥帕在他的《包装——对一个世纪包装设计的视觉考察》一书中曾描绘了中世纪包装在人们生活中所扮演的角色的变迁。一开始，"杂货店里的各种货物——米、茶、面粉、糖、各种干果总是由各种各样木制的桶、箱装着，运到店里后，又由老板或伙计按照顾客的要求分别加以包装。这是个需要时间与技术的工作"，然而，随着市场的发展，"商品开始通过商标来展示自己的视觉形象，如约翰·巴贝面粉公司的产品不断地（在包装上）展示自己的名称，显示出它们的与众不同"。罗伯特·奥帕的描述形象地表现了包装不仅具有包裹的功能，而且具有传达产品信息、促进销售的功能。这表明包装已逐步成为一种视觉传达设计（图1-9和图1-10）。据记载，1793年，欧洲国家开始在酒瓶上贴标签；1817年，英国制药行业规定在有毒产品的包装上面要贴便于识别的印刷标识。

图1-6 新石器时期彩陶网格葵花纹单耳罐　　图1-7 毛公鼎　　图1-8 西周时期绳纹装饰青铜罐

图1-9 酒瓶包装　　图1-10 罐头包装

在封建社会,中国的手工业就非常发达,商业也很繁荣。包装很早就在商品交换中起着重要作用。我国现存较早的商品包装资料,是北宋时期山东济南的针铺包装纸(图1-11),四寸见方,铜版印刷,中间是一个兔儿标记,上面横写着"济南刘家功夫针铺",从右到左竖写着"认门前白兔儿为记",下半部分有广告语"收买上等钢条,造功夫细针,不误宅院使用,转卖兴贩,别有加饶"字样。图形标记鲜明,文字简洁易记。这是一张包装纸、仿单、招纸三位一体的设计。从北宋张择端的《清明上河图》(图1-12)中店铺招牌当街招摇的情景,可以看出当时商业的繁荣。古代商品经济的逐步发展,在客观上也推动了包装的商业化和批量化的发展。许多茶食果品、药材膏丸的包装纸上多注有"百年老店、货真价实""真不二价、童叟无欺""只此一家,别无分号"等宣传商业信誉的广告语。

至手工业后期,工业革命前期,许多包装已经达到相当高的水平,只是在插图和编排等方面与绘画还没有真正脱离关系,包装的各个方面,视觉力度较弱,层次感不强。

图1-11　针铺包装纸

二、现代包装设计的形成

现代包装设计,是工业化社会和市场经济发展的产物。18世纪60年代,第一次工业技术革命后,进入蒸汽时代,开创了工业文明,手工业生产方式逐渐被机械化的生产方式所替代,孕育出了现代工业产品与包装设计。特别是19世纪60年代打开了电力时代的大门后,人们迎来了第二次工业技术革命,真正为现代机械化大批量生产开辟了道路,使能量传送和信息传递进入全新阶段,促进了生产力和商品经济的巨大飞跃。

1．19世纪至20世纪中期的包装设计

19世纪,商品包装的发展速度还是比较快的。前30年,低价位的印刷业大大刺激了包装工业,包装产品的成本较低;后50年,随着廉价彩印的出现,简陋的铁皮盒子、有标签的瓶子和简单的纸盒逐渐变成了绚丽多彩的精美包装。19世纪初,一种装碳酸饮料的玻璃瓶被开发出来。碳酸类饮料容易挥发,因此瓶塞的问题就十分重要。1814年,出现了一种以发明者哈米尔顿名字命名的尖口瓶。这种瓶子必须平放,但是,一直使用了近60年都没有改进,直到1872年,英国人发明了一种带螺口的瓶塞,其装置简单、使用方便,在全世界流行了100多年(图1-13～图1-15)。

人们使用金属作为包装容器的时间较短,但发展速度较快。1810年,杜兰德发明了用金属罐保存食品的方法。19世纪上半叶,在一些日用百货中,铁皮盒子仍扮演着重要角色,尤其可以用来盛装饼干,使易碎的饼干能够长期保存并便于取出。19世纪60年代后,英国建立了最早的金属罐工厂,人们便开始用马口铁做罐子,密封好用来盛装食品,这便是罐头食品的开始。1868年发明了印铁技术,艳丽的色彩可以直接印在铁皮上。随着石版印刷的发明,印铁技术的进一步发展,此时,盒

图1-12　《清明上河图》局部

图1-20 黄油包装 Yeongkeun Jeong（新西兰）　　　　图1-21 食品包装 Neal Fletcher（英国）

（二）绿色包装设计

生态环境平衡是目前人类面临的一个重大问题。经济的快速发展加速了人们对自然生态环境的破坏。由于生活水平的提高，各种包装固体废弃物随着人们对商品需求量的增加而增多。现在，我国塑料制品的产量名列世界前茅，每年达 2 500 多万吨。塑料材料很难自然降解，而且回收率低，再利用成本高，还破坏生态环境。被人们称为"白色垃圾"的塑料袋（聚乙烯）和一次性发泡快餐盒（聚苯乙烯）等包装都成了环境杀手。这些材料一旦被丢弃在自然环境中，不但很难降解，而且会对土壤造成破坏。

绿色包装设计的核心是合理利用资源，减少环境破坏。绿色包装设计的主要原则包括少量化原则和可回收再利用原则。少量化原则提倡要适度包装，反对过分包装；要精简结构、节省资源，"轻、薄、短、小"。可回收再利用原则指运用可降解原料制作包装，使包装可以回收再利用，如提倡垃圾分类，减少使用一次性包装，有效利用"再生纸""再生纸浆""再生塑料""再生玻璃"等（图1-22）。这一发展趋势促使新材料、新工艺的诞生，同时，也使未来的包装设计尽可能经济、合理、美观、实用。

如图1-23所示，这款儿童饮料喝完后，可以将空瓶连接起来成为积木玩具。这种设计不仅能激发儿童的创造性，还能教他们学会如何对废弃物再利用。

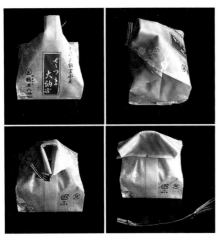

绿色环保包装

图1-22 用多层纸张作为包装材料　　　　图1-23 可以做积木的儿童饮料包装设计

（三）包装设计的民族性与国际性

毋庸置疑，包装是商业性很强的设计形式，一种包装设计是否成功的主要考量因素是其销售性，然而，不同国家的包装设计由于受到本国文化的影响，必然会带有一定的民族性，如法国人的浪漫；德国人的严谨、理性；日本人的灵巧和新颖；中国人则大多追求圆满、喜庆和吉祥（图1-24）。这些民族性的文化观念往往会自然流露在设计作品中。

在现代设计中，设计师们越来越意识到，越是民族性的设计越容易被世界认同。只有民族的，才是世界的。从现代设计发展的整体格局来看，整个世界都出现了文化回归的现象，民族元素是现代设计中不可缺少的重要支撑。

所谓民族性，是指一个国家特定的社会结构、风俗习惯、审美文化及民族心理状态等因素。随着生活习惯的变化和商品市场的国际化，旧的传统形式已不能满足如今人们的消费需求。为了使消费者能够接受新的产品包装形式，设计师要在民族风格的基础上加入创新的设计元素，既要充分开拓创新，又要体现出传统文化特色，使其与现代艺术融为一体。由于人们与生俱来的对陌生事物的新鲜感，因此这种具有民族风格的现代设计往往具有很强的市场竞争力。

日本的包装设计一向以浓厚的民族性和文化性为特色（图1-25）。在现代设计国际化的浪潮中，日本的包装设计独树一帜，在国际包装设计领域中拥有不可取代的地位（图1-26）。日本的包装设计体现出来的品质感往往给人们留下深刻的印象，哪怕是一个很不起眼的小包装，都能令人从中体会出日本设计师的严谨和细心。禅学文化和自然风格在日本包装设计中占主要地位。在设计领域，日本包装非常注重将现代设计元素融入传统民族文化设计中，设计作品充满想象力（图1-27和图1-28）。

图1-25　日本传统风格的调料包装

图1-24　中国传统包装形式

图1-26　日本传统风格的食品包装

图 1-27　现代和传统元素的巧妙结合

图 1-28　充满想象力的日本糖果包装

（四）包装设计与新媒体

随着网络的普及、手机资费的降价和各大电信运营商无限流量的开放，中国全民迅速进入手机互联的阶段。传统媒体行业迅速被新媒体取代，人们获取信息的渠道也转变到了移动互联网。手机媒体慢慢成为消费者获取消费信息和查询商品信息的渠道，而微信、微博、今日头条、抖音、快手等手机客户端已成为人们接触产品的入口。

电子商务的出现，改变了人们购物的流程和体验，人们在网上购物时，首先看到的是图片和描述，然后是客户的评价，至于产品的包装和实物却要等到付款之后，收到快递时，才能触摸到，这一过程的转变使得包装在流通的过程中产生了变化，人们更多的是了解产品本身，如产品的味道、产品的功能、产品的创新等。媒体的改变促使包装设计已经从以包装展示为主慢慢过渡到以产品本身为主，产品本身已经成为促使消费者购买的主要因素，包装只是起到了保护和运输的作用。

新媒体的发展正促使消费者快速进行消费升级，包装设计在商品流通的过程中正经历着改变和重新定义。

1. 包装设计的互动性

包装设计的同质化使产品慢慢地淹没在产品海洋里，同时，社会消费升级促使消费者对于产品的要求会更高，而包装设计中良好的互动性会给消费者带来更加人性化的感受和有趣的参与感。很多品牌商改变了刻板的包装，使其更加有趣和人性化，并加入了更多的互动性因素。

比如在传统的白酒行业，江小白酒瓶上面的互动文案，使得江小白从一个名不见经传的小品牌，一下跃变为一个红遍全国的酒类黑马，更是俘获并牢牢抓住"80后""90后"的心（图 1-29）。江小白品牌推出的互动营销创意表达瓶"我有一瓶酒，有话对你说"。拿到酒瓶后，在表达瓶上扫描二维码，就可以进入 H5 互动页面，消费者可在活动页面写下想说的话，上传自己的照片，便可创造出属于自己的"表达瓶"。如果你的用词和图片特别精彩，就可能被江小白采用，成为其下一批"表达瓶"印刷出来而面向消费者。江小白这种变单向传播为双向互动，更多展示的是产品与消费者的沟通力，增加产品和消费者的互动，使品牌更具情感，使产品成为一种自带社交属性的产品，从而给消费者留下深刻的印象，以达到品牌宣传和提高品牌形象的目的（图 1-30）。

图 1-29　江小白互动文案

（a）　　　　　（b）

（c）

图 1-30　江小白包装

2. 包装设计的情感趣味性

优秀的包装设计是物与人、人与人之间一次愉快的交流。现代社会，人人都讲究个性化，更青睐独特、有创意的产品。带有趣味性的包装设计以独特的外观、鲜明的个性被大众日益接受与喜爱，让人们在购物的同时，不仅享有购买商品的乐趣，还欣赏了艺术的魅力与设计的趣味。

现代包装设计中的趣味性表达手法是丰富多样的，可利用人们的想象使本来很平凡的事物变得神奇。消费者在成千上万种商品中看到有趣的包装，或会心一笑，或拿起来观看。这时，有效的商品信息便在快乐、轻松、谐趣的气氛中传递，除了引起消费者的亲近，还可以有效调解消费者的心情，排除消费者对包装、广告所持的逆反心理。

趣味性包装设计是在后现代语境背景下发展起来的，与现代主义的理性、冷漠相对立，其追求感性上的快乐，是当今人们摆脱生活压力、追求愉悦生活的直接反映。它的发展符合目前人们的感性消费理念。

现在的消费者在购买商品时，既要获得物质享受，更要获得一种精神上和情感上的满足，因此包装设计也在新媒体环境下不断求新求变，以新颖、奇特、趣味性来吸引消费者的目光。在现代移动互联网的大背景下，人们随手把好玩有趣的东西通过网络社交分享出去，其投入效果和成本往往比传统广告好上很多（图 1-31 和图 1-32）。

3. 包装设计的去包装化

经济和工业的发展在一定程度上带来了环境的恶化和空气的污染，包装设计目前还存在一些过度包装的问题，废弃的包装资源既增加了商家的成本，也加大了环境负担。社会的进步和全民素质的提高促使商家和消费者注意到环保。有环保意识的商家也开始注重包装的环保属性。这一行为既能有效地为品牌树立良好的形象，也能去除不必要的包装，从而节省成本。未来消费者也会在生活中践行自己对于社会环境的保护和倡导，从而在心理上更加接受有环保概念的包装商品，所以未来包装趋势会朝着绿色环保与简洁实用的方向发展，商品在满足基本的保护和运输功能的要求下，包装设计会更加趋向理性。

去包装化的目的，不是去除一切美好与创意，而是剔除为包装而包装的糟糕设计，在保护商品的前提下，设计让包装为产品赋予新时代的印记，既能让消费者产生愉悦的审美感受，也能为环境保护贡献自己的力量。拥有良好包装理念与成果的企业，其产品才能长远发展决胜市场；没有良好包装理念的企业，其产品难以走远（图 1-33）。

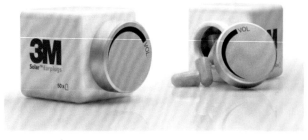

图 1-31　3M 耳塞包装

图 1-32　HIPPEAS 包装

（a）

（b）

图 1-33 The Family Beez 包装设计

任务三 包装的功能、分类与要求

一、包装的功能

1. 保护功能

保护功能是包装最基本也最重要的功能。一件商品从生产到使用，中间要经过多次流通才能走进商场或其他场所，最终到消费者手中。这期间，需要经过装卸、运输、陈列、销售等环节。在储运过程中，如存在撞击、潮湿、光线、细菌等因素，都会威胁到商品的安全。因此，作为一个包装设计师，在设计商品包装时，首先要想到包装的结构与材料，保证商品在流通过程中的安全，如图 1-34 和图 1-35 所示，因此，要把包装的保护功能放在包装设计的首要因素来考虑。

2. 便利功能

便利功能是指商品的包装是否便于使用、携带、存放等。一个好的包装作品，应该做到以人为本，站在消费者的角度考虑：要开启方便，还要能使消费者直观地了解商品。这些都有助于增加消费者的购买欲，也会拉近商品与消费者之间的关系，增加消费者对商品信任度的同时，也促进消费者与企业之间的沟通。

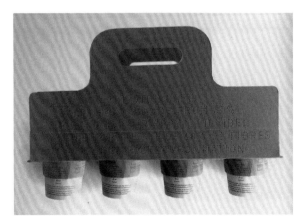

图 1-34 咖啡包装 Homer Mendoza（加拿大）

图 1-35 啤酒包装 Monteiths Varietals（美国）

包装的便利功能可以具体地分为以下几种：

（1）方便运输与储存功能。这类包装注重表现包装的统一信息，如识别符号的统一，规格统一，尺寸合理，是否需要防水防潮，是否适合于堆放等（图1-36）。

（2）方便销售功能。此类包装主要是满足商品的销售性展示和陈列需求，如吊挂式的商品可以充分利用货架空间，便于展示等（图1-37）。

（3）方便消费功能。新材料、新工艺包装设计给消费者带来使用上的方便，便利的包装形式为消费者在携带、开启时提供方便，如商品的手提式包装、手提袋等为包装的携带提供了便利（图1-38）。

3. 传达功能

现代市场销售方式的发展变化，对包装设计传达商品信息的这一功能提出了许多新的要求，由于超市等自助销售商店的出现，包装成为无声的推销员。如我国对食品包装有一些规定，食品的数量、质量、食用方法、生产与保存日期，生产企业及其地址、联系电话，各种相关的产品生产标准、卫生批号等信息，必须明确而有序地标示在包装的各个立面上。通过几十年的市场竞争，包装设计在传达有关商品信息等方面，也形成了很多无形的规范。比如，人们需要通过包装设计，从视觉到触觉，最大限度地、感性直观地了解产品，特别是食品等。现代市场还要求包装设计充分地将有关生产企业的形象或信息体现在包装上，使之成为企业品牌宣传的重要窗口，如图1-39 ~ 图1-41所示。

4. 销售功能

随着经济的发展和人们生活水平的提高，各种超市与自选卖场如雨后春笋般出现，消费者直接面对的是产品自身的包装。好的包装，能吸引消费者的视线，让消费者产生强烈的购买欲，从而达到促销的目的。

很多厂商与策划公司都把包装列为企业的4P策略，即 Position（市场）、Product（产品）、Price（价格）、Package（包装），把包装融入 CI 设计中，融入品牌形象塑造中，在推销产品的同时，也提升了自身的企业形象。

人们常说："包装是沉默的商品推销员。"包装应具有良好的商业销售宣传功能，在不欺骗消费者的前提下，力求达到最好的推销效果（图1-42）。其中，平面视觉设计是整个包装设计中最具商业性功能的部分（图1-43）。

图1-36　便于运输、搬运、存储的包装

图1-37　吊挂式包装

图1-38　设计感十足的手提袋

图1-39　饮料包装　**Dany Kamida**（阿根廷）

图1-40　润肤乳包装（英国）

图1-41　肉类食品包装（乌克兰）

图 1-42 充满趣味性的商品包装，让人忍不住想尝尝包装里面商品的味道　　　　图 1-43 突出企业整体形象的商品包装

二、包装的分类

商品包装作为一门边缘学科，自它产生之日起就已经具有了多门类构成的综合性质。随着时间的推移，各种新工艺、新材料、新观念及新市场不断涌现。它的综合性越来越明显，分类的方式也更加多样化。

1. 包装的常用分类方法

从商品流通和商品本身的特性来分类，可以把包装分为运输包装和销售包装两大类。

（1）运输包装。运输包装又名工业包装、大包装。运输包装主要以满足运输、装卸、储存需要为目的，起着保护商品、方便管理、提高物流效率等作用。运输包装一般不直接接触商品，而是由许多小包装集合而成，通常不随着商品出售给消费者。

（2）销售包装。销售包装又称为商业包装、小包装。销售包装主要以满足销售需要为目的，起到保护、美化、宣传商品，促进销售和方便使用等作用，通常随同商品一起出售给消费者，是消费者挑选商品时认识商品、了解商品的一个依据，对商品起着有效促销的作用。

随着消费水平的提高，近年来有不少商品包装既是运输包装，又是销售包装。

2. 包装的其他分类方法

（1）按形态划分，包装可以分为箱、桶、瓶、罐、杯、袋等包装（图 1-44 ~ 图 1-49）。

图 1-44　KAMA 润滑油纸箱包装　　　　　　图 1-45　桶装涂料包装　Gilnei Silva（英国）

图1-46 牛奶包装 Nadie Parshina（俄罗斯）

图1-47 罐头包装 Anne Kobsa（德国）

图1-48 果汁包装 Lan Firth（英国）

图1-49 种子包装 Leonidas Latridis（希腊）

（2）按材料划分，包装可以分为纸盒包装、塑料包装、金属包装、木质包装（图1-50）、陶瓷包装、玻璃包装、棉麻包装、纺织品包装（图1-51）等。

（3）按商品内容划分，包装可以分为食品包装（图1-52）、烟酒包装、文化用品包装（图1-53）、化妆品包装、家电包装、日用品包装、土特产包装、药品包装、化学用品包装、玩具包装等。

（4）按商品销售目的划分，包装可以分为内销包装、外销包装、经济包装、礼品包装等。

（5）按商品设计风格划分，包装可以分为卡通包装、传统包装、怀旧包装、浪漫包装等。

三、包装的要求

1. 适应各种流通条件的需要

商品包装要确保产品在流通过程中的安全，应具有一定的强度，坚实、牢固、耐用。对于不同的运输方式和运输工具，还应有选择地利用相应的包装容器和处理技术。总之，包装应适应流通领域中的储存运输条件和强度要求。

2. 适应产品特性

产品包装必须根据商品特性，采用相应的材料与技术，使包装完全符合产品合理化性质的要求。

图 1-50 木质包装　　　　　图 1-51 纺织品包装　　　　　图 1-52 食品巧克力包装

图 1-53 文化用品包装

3. 适应标准化的要求

产品包装必须实行标准化，即对产品包装的包装容量、包装材料、结构造型、规格尺寸、印刷标志、名词术语、封装方法等加以统一规定，逐步形成系列化和通用化，以便于包装容器的生产，提高包装生产效率，简化包装容器的规格，节约原材料，降低成本，易于识别和计量，有利于保证包装质量和产品安全。

4. 包装要"适量、适度"

对于销售包装而言，包装容器大小应与内装产品相宜，包装费用应与内装产品相符合。若预留空间过大、包装费用占产品总价值比例过高，都有损消费者利益（图 1-54）。

图 1-54 月饼包装（过度包装）

5. 产品包装要做到绿色、环保

产品包装的绿色、环保要求要从两个方面认识。首先，材料、容器、技术本身对产品和消费者而言，应是安全的和卫生的；其次，包装的技术、材料容器等对环境而言，应是安全的和绿色的，在选材和制作上，应遵循可持续发展原则，节能、低耗，高功能，防污染，可以持续性回收利用，或废弃之后能完全降解（图1-55）。

任务四 包装设计的程序

包装设计以吸引消费者、促进商品销售、提高商品竞争能力为最终目的，是解决企业产品市场销量的有效武器。具体地讲，它是企业销售产品与宣传企业形象必不可少的条件，因此，在包装设计过程中要与企业一起研究、沟通，要解决产品包装设计在销售中可能产生的各种问题。

包装设计一般要经过以下程序。

一、市场调查

在包装设计的各个阶段，市场调查环节起着非常重要的作用，是顺利完成包装设计的前提。离开了市场调查，包装设计的结果只能是无源之水、无本之木，设计的结果往往与消费者的需求大相径庭，无法满足市场的需要。所以，市场调查是包装设计中非常重要的一个环节。

图1-55 外卖啤酒绿色包装设计（俄罗斯）

当设计者接受企业委托后，首先要在企业提供的商品基本信息的基础上进行市场调查。在了解商品的品质、功能、特点、流通情况及企业的规模、发展、实力、管理等情况后，要着重了解同类商品的购买对象，了解消费者购买商品的重要因素及其他同类商品的优缺点，在收集资料的基础上吸取经验教训。

二、确定包装的材料和造型

提出创意的想法，在计划费用开支的范围内，可以开始实行包装设计的实施方案。设计师要根据市场调查的情况，根据产品的性质、形状、价值、结构、重量以及尺寸等因素，选择适当而有效的包装材料进行设计。如液体类产品的包装密封性要求和灯泡类产品的包装保护性功能就格外重要。其中，包装的材料选择和造型最为重要（图1-56和图1-57）。

在包装材料确定后，开始设计特定的产品包装造型结构。设计要从保护商品、方便运输、适合消费等方面着想，而且还必须考虑产品的生产工艺及现有的自动包装流水线的设备条件，然后才能确定包装的造型结构。

三、设计创意和草图

在确定以上要素的基础上，设计师开始进行创意活动，确定包装的色彩取向，挖掘相关的图形元素，进行文字和图形排版。创意设计阶段要求设计人员尽可能多地提出设计方案和想法，一般以草稿的形式展现，但要尽量准确地表现出包装的结构特征、编排方式和主体形象造型。

四、小批量生产

企业对不同风格的设计图稿进行认真选择，经过慎重的推敲，做进一步的修改加工后，为了确保销售效果，会选择其中的两至三个进行小批量印刷包装，并送到市场上试销，听取消费者的意见，以测试包装功能的可靠性及包装设计的合理性。

五、定稿

经过市场试销测试，根据消费者反馈回来的信息，企业可以确定最受广大消费者好评的其中一个包装，即可以开始正式投入大批量生产销售。

图 1-56 灯泡包装的造型   图 1-57 灯泡包装的材料

———— 思/考/与/实/训 ————

1. 简述包装的功能。
2. 选择自己喜欢的包装进行分类收集。
3. 收集具有民族性的包装设计范例。
4. 简述包装设计的程序。

PROJECT 2

包装设计的定位、策略与表达

了解包装设计的项目分析与市场调研；掌握包装设计定位和构思的方法；了解包装设计的策略，掌握包装设计策略的选择方法；掌握包装设计的表达方法，能够进行包装的设计。

任务一　项目分析与市场调研

包装的一个重要功能是促进销售。消费者在琳琅满目的商品中进行选择时，包装将直接影响其情绪和好恶，从而影响产品的销售。

一、项目分析

对设计项目进行分析是设计工作的重要组成部分，对于包装设计来说，找对设计方向非常重要。首先，要弄清楚客户做此项设计的目的。作为一个设计师，在此阶段一定要多向自己和客户提出问题，如这是哪个类型的包装，有何特点，是否有特殊要求等。一切问题的提出都是以后设计的基础，只有弄清楚了各种可能出现的问题，才会有清晰的思路，否则设计便无从下手。具体的项目分析主要从以下几个角度进行。

1. 了解设计项目概况

项目概况包括项目的名称、项目背景、项目发起方等。项目发起方主要是指生产产品的企业。针对设计项目，主要应了解以下内容：企业的历史状况、生产规模、管理能力，产品在业内的知名度，产品现状（产品的造型、色彩、使用方式等）。另外，还要注意有无特殊的包装要求，如企业有无 CI 计划、标准色彩、文字以及企业标识；企业主管领导及有关部门对新包装的要求；新包装产品投入销售时的包装容量和价格定位；以往企业销售部门所收到的有关产品包装的社会反映等。

2. 了解设计项目行业发展状况

产品包装要"量体裁衣"，一款优秀的包装不见得适合每一种产品。设计师在设计前要了解此产品包装的行业现状、以往产品的包装情况及企业对新包装的期望值、此类包装近年来的发展趋势如何等，从包装造型、风格、类型、材料等方面考虑。

3. 设计项目市场分析

设计项目市场分析主要分析产品市场的现状、市场的趋势、市场定位营销策略、产品价格策略、产品销售情况等。

4. 设计项目财务评价

设计项目财务评价主要包括企业的广告及包装费用的筹集与使用、财务预测、收入预测、成本及费用估算等。

5. 设计项目价值评估

设计项目价值评估主要包括社会效益和经济效益评估等。

对设计者来说，项目分析是一项非常重要的工作，只有全面透彻地分析项目，才能知道哪些内容需要通过企业去了解，哪些内容需要在市场上了解，才能对包装进行正确定位，设计出企业和市场都认同的包装作品。

二、市场调研

1. 确定市场调研的目的

通常根据产品与包装在营销方面的性质来确定市场调研的目的。如果是新推出的产品，就需要以市场的潜力、产品包装推出成功的可能性为目的去调研；有的企业准备对自己的产品包装进行改良，需要弄清楚企业对该产品改良的目的，以产品改良成功的可能性和产品改良的方向、方法和手段为目的进行调研。

2. 选定市场调研的对象和内容

选取调研的对象一般采取抽样的方式，根据产品的性质、特点、功能等制作调研问卷，选取合适的对象进行调研。

调研的内容可以从以下几个方面展开：

（1）市场的基本情况：市场的特点和潜力，竞争对手及其产品等。

（2）消费者的基本情况：该产品的消费对象。

（3）特定的或主要的消费群体的年龄段、性别、职业、文化层次、民族和消费需求。

（4）市场的相关产品与自身产品的基本情况：包括品牌的形象与知名度、好感度、信任度，产品的价格、质量、销售方式和包装的质量等方面。

3. 实施市场调研

市场调研的方式方法有很多，一个设计团队会受多种因素的影响，如时间和经费。最常见的也是最可操作的调研方式是问卷调查。问卷调查可以在销售现场进行，也可以在网上进行。在网上进行省时省力，目前，被企业广泛应用。被调研者填写一份问卷，参与调研的人数越多，调研的结果就越具有客观性。设计师应该亲自去消费市场调查，站在一个设计师的角度去观察市场

的情况，了解销售的环境、竞争对手的情况、产品背景等，为以后的设计打好基础。

4. 总结分析市场调研的结果

通过市场调研，设计师多方面地收集到该项目产品包装与同类产品包装设计所涉及的市场、消费者等方面的信息后，应在此基础上对其进行整理、归纳、总结，发掘问题的本质，找到最重要的事情，并根据需要写出调研报告。调研报告要对调研内容进行客观性的整理和归纳，并提出结论，针对设计中所要解决的重点问题，提出相应的解决方法。

任务二 包装设计定位和构思

一、设计定位

设计定位是在通过市场调查，正确地把握消费者对产品与包装需求（内在质量与视觉外观）的基础上，确定设计信息表现与形象表现的一种设计策略。

1. 产品定位

包装在销售中起直接介绍产品的作用，可以直截了当地突出产品的形象，吸引消费者的注意力。以产品为包装的设计定位，在处理方法上多采用写实的逼真画面来描绘，如表现水果、食品类的真实与新鲜感、美味感（图2-1）；也可以用摄影的方法来引起消费者的注意，但一些本身造型不够完美的产品应尽量避免用此方法；另外一种方法是利用透明包装或纸盒开天窗的手段让消费者直接看到包装盒内的产品，增加产品的可信度，如食品、玩具、化妆品包装等（图2-2）。

2. 品牌定位

品牌定位法一般应用在品牌知名度较高，在消费者心中有一席之地的产品包装上，利用品牌来影响消费者。在表现方法上，多以品牌形象本身作为设计的重心，若能从品牌名称的含义着手，进行形象化的辅助处理，将能更好地塑造产品"唯我独尊"的高贵形象（图2-3）。

图2-1 果酒包装 永田麻美
（日本）

图2-2　面食包装　Vivian Uang（美国）

图2-3　可口可乐包装　Shamil Ramazanov（阿塞拜疆）

3．文案定位

对于有些产品，不必做过多的描绘，而应着力于文案介绍。在处理上，为了丰富画面，可以将文字图形化以突显产品包装的视觉效果；也可配以插图，丰富表现效果，这种方法一般用于新产品的包装（图2-4）。

4．形象定位

形象定位是指用与产品有关联的形象进行表现，以引起消费者的联想与共鸣（图2-5和图2-6）。这种联想在人们的审美心理活动中，往往起着很重要的作用，因为有些产品很难把产品的固有特性表现出来，必须借助人为的方法来表现。

5．象征性定位

象征性定位的包装设计比较常见，如将煮好的食物形象直接运用在包装上，不仅能表现该产品的特性，同时，也能引起消费者的食欲。因为象征隐含着暗示，而暗示的功能是最强有力的，有时甚至可以超过具象的表达（图2-7）。

6．礼品性定位

采取礼品性定位时，设计者可以站在消费者的角度进行设计，以高品位或典雅的装饰效果来提高产品身价，体现送礼者的身份和审美感，因此在设计上有较大的灵活性（图2-8）。

图2-4　饮品包装　Julian Hrankov（德国）

图2-5　食品包装　Nate Dyer（美国）

图2-6　酒包装　WillParr（英国）

图 2-7 意大利面包装 牧岛亚由美（日本）　　　　　　　　图 2-8 茶叶礼盒包装 王学（指导教师：房丹）

7. 纪念性定位

纪念性包装是针对某种庆典、旅游、文化体育活动等的特定纪念性设计，受到一定的时间和地域的限制，多以某种民族传统感强的、富有浓郁地方特色的包装为表现形式（图 2-9）。

8. 造型定位

有些产品可以利用包装的造型来吸引消费者（图 2-10）。例如，结婚庆典用的喜糖包装可以采用心形包装，寓意心心相印。

9. 消费者定位

如果有些产品是为某些特定对象服务的，那么就必须考虑到特定消费者的兴趣和喜好。儿童用品可以用可爱的形象，妇女用品则可以用优美的图形形象来引起受众的兴趣（图 2-11）。

图 2-9 粽子包装

缘
结婚喜糖系列包装设计
MARRIAGE

图 2-10 喜糖包装 于莹 （指导教师：都蕊、姚蔚）

图 2-11 零食盒包装 尾关直洋（日本）

二、设计构思

设计构思的核心在于考虑表现什么和如何表现两个问题。回答这两个问题即要确定表现重点、表现角度、表现手法和表现形式。如同作战一样，重点是攻击目标，角度是突破口，手法是战术，形式则是武器，其中任何一个环节处理不好都会前功尽弃。这里主要介绍表现重点和表现角度。

1. 表现重点

表现重点的确定要通过对商品、消费、销售三方面的相关资料进行比较和选择，而选择的基本点要有利于销售。确定重点主要从以下几方面考虑：

（1）该产品的商标形象、品牌含义。

（2）该产品的功能效用、质地属性。

（3）该产品的产地背景、地方因素。

（4）该产品的销售地背景、消费对象。

（5）该产品与同类产品的区别。

（6）该产品同类产品包装设计的状况。

（7）该产品的其他相关属性等。

2. 表现角度

确定表现重点（即找到主攻目标）后，还要有表现的具体突破口，即表现角度。如以商标、品牌名为表现重点，可以以表现形象和品牌名所具有的某种含义为表现角度；如果以商品本身为表现重点，可以以表现商品外在形象为表现角度，也可以以表现商品的某种内在属性为表现角度，还可以以产品组成成分或者功能效用为表现角度。事物都有不同的认识角度，集中于一个角度将有益于表现的鲜明性。

任务三　包装设计的策略

一、包装策略的制定

随着我国经济的不断发展、人民购买力的不断提高以及国际贸易量的不断增加，同类产品的差异性减少，品牌之间使用价值的同质性增大。究竟什么样的产品能吸引消费者的注意，什么样的产品能让顾客选择购买，成为同类产品包装设计需要共同面对的问题。

创意定位策略在包装设计的整个运作过程中占有极其重要的地位，包装设计的创造性成分主要体现在设计的策略性创意上。创意最基本的含义是指创造性的主意，一个好的点子，一个别人没有过的东西。这个东西不是无中生有的，而是在已有的经验材料的基础上重新组合出来的。定位策略是一种具有战略眼光的设计策略，具有前瞻性、目的性、针对性、功利性等特点，但同时也有局限性。现在创意定位策略逐渐成为包装设计最核心、最本质的因素。下面介绍几种常见的包装创意定位策略。

1. 产品性能的差异化策略

产品性能的差异化策略，也就是找出同类产品所不具有的独特性作为创意设计重点。对产品功能或性能的研究是品牌走向市场、走向消费者的第一前提。如"白加黑"感冒药，"白天服白片不瞌睡，晚上服黑片睡得香"，由于在产品功能、特性上与传统的感冒药相区别，特别是药片设计和外包装设计围绕着黑白两种颜色做文章，使该产品相对于其他同类产品在市场上就更容易争得有利的位置。有些同类产品质量相当，表达方式也很接近，要想突出其与众不同的特点，在设计时就不能放过任何微小的因素。如药品包装从药用上主要分为两大类，即治疗性药品包装（图2-12）和营养性药品包装（图2-13）。

又如洗涤用品的包装设计。绝大多数洗涤用品在包装的设计定位上强调干净、清洁、清爽，因此其包装设计的色彩多采用绿色、蓝色、青色等与白色搭配，以突出其定位思想（图2-14），而有的洗涤用品则采用了暖色系列，以突出产品的活力、高效（图2-15）。由于大量洗衣粉包装采用冷色调，因此在色彩上与之对比强烈的暖色产品必定引人注目，正如"万绿丛中一点红"。

2. 产品销售的差异化策略

产品销售的差异化策略主要是指找寻产品在销售对象、销售目标、销售方式等方面的差异性，产品主要是针对哪些层次的消费群体或社会阶层；购买对象是男人还是女人，是儿童、青年还是老人。根据不同的文化、不同的社会地位、不同的生活习惯、不同的心理需求，产品的销售区域、销售范围、销售方式等都影响和制约着包装设计的方方面面。儿童用品主要的消费群体是儿童，但购买对象除了目标消费群体的儿童以外，最主要的还是他们的父母和长辈，在对儿童用品进行包装设计的时候除了在图形、色彩、文字、编排上要考虑儿童的喜好外，还要考虑其父母和长辈望子成龙的心理。有些商品在包装上印有一些富有哲理的小故事，虽然这些内容和产品并不是很相干，但是却切中了父母们关注孩子智力发展的心理。不同的产品在不同的时期、不同的环境、不同的季节等都会采用不同的销售方式。如雀巢咖啡在中国传统的中秋佳节推出了"缤纷选择，雀巢有礼"的大型酬宾活动，十几种产品不仅都换上了中国传统的大红外套包装，并配有中秋月圆的图形和字样，而且还有礼品相送，为消费者提供了新的人际交往观念。

图 2-12 治疗性药品包装

图 2-13 营养性药品包装

图 2-14 洗涤用品包装

图 2-15 暖色洗涤用品

3. 产品外形的差异化策略

产品外形的差异化策略就是寻找产品在包装外观造型、结构设计等方面的差异性，从而突出产品自身的特色。例如，纸盒的包装结构设计多达上百种，该选用何种结构来突出产品的特色，才能形成强烈的视觉冲击力？是选用三角形为基本平面，还是选用四边形、五边形、梯形、圆柱形、弧形或异形等为基本平面？在选择包装产品外观造型时，一是要考虑产品的保护功能，二是要考虑其便利功能，当然也包括了外观造型的美化功能。喜之郎果冻之"水晶之恋"心形系列外包装就堪称一件成功之作（图2-16）。"水晶之恋"系列果冻包装（图2-17）不仅引起了显在消费群体的注意，而且唤起了潜性消费群体的关注，产品的目标对象也从儿童扩大到一切相恋的群体。这一切都归功于"水晶之恋"的心形包装设计定位以及品牌定位。

4. 价格差异化策略

价格是产品买卖双方关注的焦点，也是影响产品销售的一个重要因素。日本学者仁科贞文认为："一般人难以正确评价商品的质量时，常常把价格高低当作评价质量优劣的尺度。在这种情况下确定价格会决定品牌的档次，也影响到对其他特性的评价。"产品的价格取决于其功效、特性以及目标消费群体、相关同类产品的市场

图2-16　"喜之郎"果冻包装

图2-17　"水晶之恋"果冻包装

定位。价格定位的目的是促销、增加利润，因为不同阶层有不同消费水平，任何一个价位都拥有相关的消费群体。例如"金利来，男人的世界"，从金利来服装的价格定位来看，它是中高档男装产品，该公司认为产品的价格虽然高一点，但这是展示一个人身份的标志，价格高一点也有相应的消费群。在产品的外包装设计上，消费者看到的不仅是产品所拥有的品牌价值，而且看到了其拥有的精神价值。

5. 品牌形象策略

随着经济的不断发展，任何一种畅销的产品都会迅速导致大量企业蜂拥进入同一市场，产品之间可识别的差异变得越来越模糊，产品使用价值的差别也越发显得微不足道，如果这时企业还一味强调产品的自身特点、强调细微的产品差异性，这样消费者是不会认可的。产品的品牌形象日趋重要，在品牌形象策略中，一是强调品牌的商标或企业的标志为设计主体，二是强调包装的系列化以突出其品牌。国外的香烟包装多采用品牌的商标或企业的标志为设计的主体，如万宝路、555、希尔顿、摩尔等。系列化包装由于CI的导入而产生了质的飞跃，不仅是用一种统一的形式、统一的色调、统一的形象来规范那些造型各异、用途不一又相互关联的产品，而且是企业经营理念的视觉延伸，使产品的信息价值有了前所未有的传播力。塑造产品的品牌形象实际上是对产品的第二次投资，是对产品附加值的提升。

二、包装策略的选择

在包装设计过程中，包装策略是包装设计创意最主要的依据，企业一般会根据不同的市场营销需要采取相应的包装策略。

1. 便利性包装策略

从消费者使用的角度考虑，采取便于携带、开启、使用的包装结构，具有可重复利用的便利性特点，如手提式包装（图2-18）、撕开式包装（图2-19）和拉环式包装，都是通过包装的便利性、人性化争取消费者的好感。

2. 配套包装策略

企业把一个品牌的几个产品配齐成套进行包装销售，有利于消费者使用和赠送，如成套的文具、食品、生活用品、化妆品（图2-20）等。

3. 更新包装策略

更新包装设计，可以使产品销量有所增加，具备新形象和新卖点，还可以为旺销产品锦上添花（图2-21）。

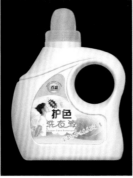

图 2-18 手提式包装

图 2-19 撕开式包装

图 2-20 配套包装

图 2-21 更新包装设计

4. 复用包装策略

复用指的是包装的再利用，一类是包装可以回收再利用，如啤酒瓶、饮料瓶的回收，可以降低包装成本，减少环境污染；一类是产品使用后其包装还拥有其他用途，如做花瓶装饰房间，可以使包装变废为宝，还可以继续宣传产品形象。

5. 系列化包装策略

系列化包装策略企业对同系列产品在包装设计上使用相同或者相近的包装，以引导消费者把产品形象和企业形象联系起来。这样可以引导消费、节约成本、扩大宣传力度、强化企业形象（图 2-22 和图 2-23）。

成功的包装是建立在准确的市场定位和适当的包装策略上的，包装创意定位策略在设计构思中并不是孤立存在的。只有创意独特的包装定位策略才能指导成功的包装设计，因为它是设计构思的依据和前提。

图 2-22 系列化包装设计（一）

图 2-23 系列化包装设计（二）

图，便于设计的进一步展开（图 2-25 ~ 图 2-27）。

任务四 设计表达

设计表达是对包装策略方案进行具体化的体现与实施，是对方案进行不断的研讨、修改、完善，并运用适当的表现手法，完美地表现出来，具体步骤如下。

一、设计构思图的表达

设计构思图就是我们平时常说的创意草图，创意草图用来表现产品包装画面的构图形式，是利用铅笔或水性笔迅速勾画出的简图。在经过充分的市场调研得出设计定位之后，在资料准备充足的基础上就可以进行构思了。设计构思图不需要精确刻画画面中的每一个细节，但要对主要创意部分进行充分的表达。这一阶段，设计者可以充分地发挥想象力，根据设计定位开发出不同的设计策略构思图（图 2-24）。

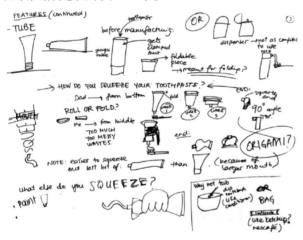

图 2-24 某品牌牙膏包装设计的创意草图

二、设计表现元素的准备与确定

设计表现元素的准备包括四方面内容。一是文字部分，包括品牌字体、广告语、企业信息以及功能性说明文案。二是图形部分，根据设计构思的不同，有产品的摄影图片、抽象的绘画图形、个性的插图以及产品本身的商标、相关标识等。三是色彩的考虑，合理的色彩搭配能够大大提升产品包装的视觉冲击力，引人注目，进而吸引消费者关注产品。四是包装结构设计部分，对于纸盒及瓶型的开启方式，设计者应该画出相应的结构

图 2-25 Conguitos 巧克力的品牌形象设计构思图

图 2-26 Conguitos 巧克力品牌形象设计的最终形象

图 2-27 Conguitos 巧克力的品牌形象设计的最终生产用方案

三、设计方案的深化阶段

设计方案的深化是通过对设计表现元素的收集与准备，在对包装材料了解与调研的基础上，对设计构思图进行筛选，挑选出最具有代表性和可行性的方案并将优选的设计构思图进行概略的效果图制作，客户也可以在此阶段提出相关意见，设计者根据客户提出的要求进行进一步的推敲与改进。

四、设计方案的具体化表现

设计方案的具体化表现是把准备的文字、图形、色彩等设计元素，根据优选后的创意构思，利用专业设计软件将设计构思图进行详细制作的过程。

1. 包装结构图

包装结构图是基础，不仅要尽量绘制精准，而且还要标注一些说明性的文字，例如材料、工艺、颜色等信息。其中瓶容器的结构图绘制更为复杂，一般是根据投影的原理画出三视图，即正视图、俯视图和侧视图，有时根据需要还应该绘制表现底部的平视图和表现内部复杂结构的剖面图。剖面图可与侧视图画在一起，一般剖面图习惯在右边一侧剖开，但以能充分展现内部结构一侧为佳。结构图是容器定型后的制作图，因此要求标准精密，严格按照国家标准制图技术规定的要求来绘制。目前，国际上通常借助相关的辅助设计软件来完成这部分工作。

2. 平面效果图

平面效果图是对所有视觉要素的整合，结合视觉传达设计原理进行构图表现。随后再将这些设计方案以平面设计效果图形式打印输出色彩样式，并以此平面效果图与设计策划部门进行提案说明，最后选出合适的方案并提出修改意见。

3. 立体效果图

应用专业设计软件制作出产品包装的实际尺寸的彩色立体效果图，立体效果图是对包装设计的终极模拟。

对瓶容器而言，平面效果图是在平面空间对容器造型的大致设想，对体面和空间的处理并不具体、完善，因此就需要制作立体模型加以推敲和验证。制作立体模型的材料主要有石膏、泥料、木材等，其中以石膏的运用最为普遍。在设计造型复杂时，若表面有浮雕纹样，则可以用泥料雕塑，简单的圆体可用木材完成；对以体块面为主的小体积模型，则可用有机玻璃或塑料板黏合成型。随着3D计算机成型技术的发展，利用3D技术作为验证手段成为一种有效的方法，并且设计数据可以真实地反映到生产环节中。立体效果图制作的好处有：一方面，设计师可以根据制作出的立体效果图找出设计方案中的不足，进行完善；另一方面，客户对立体效果图会有直观、真实的感受，便于提出修改意见。

五、确定最终方案

完成以上工作后，接下来是进行包装设计的终极审核、评估、选用后提交客户。为了优选设计方案，企业一般可先打样或进行小批量印刷，然后投放市场，进行试销售。根据市场与消费者反馈的信息，对设计稿进行改进和调整，再正式大批量进行生产销售。此时，设计师的工作全部结束。

思/考/与/实/训

1. 针对市场上的一款包装做市场调查，形成一份调查报告，同时，要提供解决现有问题的几种可行性方案。
2. 以优秀的产品包装设计为例进行定位分析，并说明该包装定位的成功之处。
3. 常见的包装创意定位策略有哪些？
4. 简述设计表达的具体步骤。

包装材料与造型结构设计

学习目标

了解包装材料的种类、特点和选择原则；理解包装容器造型设计的原则；掌握瓶容器和纸容器结构设计的方法并能够完成常用包装的造型设计和制作。

任务一　包装材料的选择

包装材料是商品包装的基础，对各种包装材料的规格、性能和用途的了解和掌握，是进行包装设计重要的一环。

一、常用包装材料

常用的包装材料有纸张、塑料、金属、玻璃、复合材料、天然包装材料、新兴材料等。

1. 纸包装材料

纸张结构多变，易于加工，成本低，适用于精美的印刷，是目前应用最为广泛的一种包装材料。纸张的承重性一般，但如果选择适当，结构设计合理，纸包装同样也可以具有较好的承重性。各种类别的纸如图 3-1 所示。

（1）铜版纸。铜版纸主要采用木、棉纤维等高级原料精制而成，分为单面和双面两种。每平方米为 30 ~ 300 g，250 g 以上称为铜版白卡。纸面涂有一层由白色颜料、黏合剂及各种辅助添加剂组成的涂料，经超级压光，纸面洁白，平滑度高，黏着力大，防水性强，油墨印上去后能透出光亮的白底，适用于多色套版印刷。印后色彩鲜艳，层次变化丰富，图像清晰，适用于印刷礼品盒和出口产品的包装及吊牌。薄铜版纸多用于印刷盒面纸、瓶贴、罐头贴和产品样本，如图 3-1（a）所示。

（2）白板纸。纸质坚固厚实，纸面平滑洁白，具有较好的强度、耐折和印刷适应性，有灰底和白底两种，适用于折叠盒、五金类包装、洁具盒的制作，也可以用于制作腰箍、吊牌、衬板及吸塑包装的底托。白板纸价格低廉，用途广泛，如图 3-1（b）所示。

（3）牛皮纸。本身的色彩赋予了牛皮纸丰富多彩的表现力和朴实感，如图 3-1（c）所示。只要印上一套色，就能表现出牛皮纸的内在魅力。由于牛皮纸价格低廉，很多设计师喜欢用牛皮纸来制作包装袋。

（4）艺术纸。艺术纸是一种表面带有各种凹凸花纹肌理的色彩丰富的纸张。由于艺术纸加工工艺特殊，价格昂贵，一般只用于高档礼品的包装，以增加礼品的珍贵感。艺术纸纸张表面印有不同的凹凸纹理，不适用于彩色胶印，如图 3-1（d）所示。

（5）再生纸。再生纸是一种绿色环保纸张，纸质疏松，类似于牛皮纸，价格低廉，很多设计师和生产商都看好这种纸张。再生纸是今后包装用纸的一个主要方向，如图 3-1（e）所示。

（6）玻璃纸。玻璃纸很薄，但具有一定的抗张性能和印刷适应性，透明度高，富有光泽，有各种颜色。玻璃纸通常用于直接包裹商品或者包在彩色盒的外面，可以起到装潢、防尘的作用。玻璃纸还可以与塑料薄膜、铝箔复合，成为具有三种材料特性的新型包装材料，如图 3-1（f）所示。

（7）黄板纸。黄板纸厚度为 1 ~ 3 mm，有较好的挺力强度，但表面粗糙，不能直接印刷，必须要有先印好的铜版纸或胶版纸覆在外面，才能起到装潢的效果，多用于制作日记本、讲义夹、文教用品的面壳内衬和低档产品的包装盒，如图 3-1（g）所示。

（8）铝箔纸。铝箔纸具有防止紫外线的特殊作用，有耐高温、能保持商品原味、阻气效果好等优点，而且可以防潮，延长商品的寿命，通常用作高档商品包装的内衬纸，通过凹凸印刷产生凹凸花纹，增加商品的立体感和富丽感。铝箔纸还可制成复合材料，广泛应用于新型包装，如图 3-1（h）所示。

（9）有光纸。有光纸主要用来印制包装盒内所附的说明书或裱糊纸盒，如图 3-1（i）所示。

（10）过滤纸。过滤纸主要用于袋装茶的小包装，如图 3-1（j）所示。

（11）浸蜡纸。浸蜡纸的特点是半透明、不粘、不受潮，可以用作香皂类的内包装衬纸，如图 3-1（k）所示。

（12）胶版纸。胶版纸纸面洁白光滑，但白度、紧密度、光滑度均低于铜版纸，有单面与双面之分，胶版纸含少量的棉花和木纤维，适用于单色凸印与胶印印刷，如信纸、信封、产品使用说明书和标签等，但彩印时会使印刷品暗淡失色。它可以在印刷简单的图形和文字后与黄板纸裱糊纸盒，也可以用机器压成密楞纸，置于小盒内作衬垫，如图 3-1（l）所示。

（a）铜版纸

（b）白板纸

（c）牛皮纸

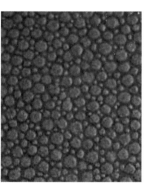
（d）艺术纸

（e）再生纸

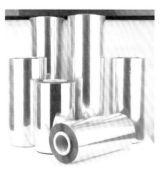
（f）玻璃纸

（g）黄板纸

（h）铝箔纸

图 3-1　各种类别的纸

（i）有光纸

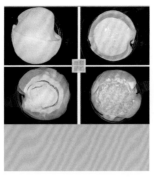

（j）过滤纸

（k）浸蜡纸

（l）胶版纸

图 3-1　各种类别的纸（续图）

（13）卡纸。卡纸分为白卡纸与玻璃卡纸（图 3-2 和图 3-3）。白卡纸纸质坚挺，洁白平滑；玻璃卡纸纸面富有光泽。玻璃面象牙卡纸，纸面有象牙纹路。卡纸价格比较昂贵，一般用于礼品、化妆品、酒、吊牌等高档产品包装，如图 3-2、图 3-3 所示。

（14）瓦楞纸。瓦楞纸是指通过瓦楞机加热压有凹凸瓦楞形的纸，用途广泛，可用于运输包装和内包装。

瓦楞凹凸的大小变化很多，大致可分为细瓦楞与粗

瓦楞。一般凹凸深度为 3 mm 的称为细瓦楞，常常直接用来作为防振的挡隔纸；凹凸深度为 5 mm 左右的称为粗瓦楞。根据形状，瓦楞的楞形也可分为 U 形瓦楞、V 形瓦楞和 UV 形瓦楞三种，如图 3-4 所示。

将瓦楞纸两面粘上黄板纸或牛皮纸，就成为瓦楞纸板，根据需要也可以制作成双层瓦楞纸板（双层瓦楞纸板中中间层是黄板纸，上下两层是牛皮纸或者也是黄板纸）。瓦楞纸板非常坚固，但很轻巧，能载重、耐压，还可防振、防潮，便于运输，如图 3-5 所示。

图 3-2　白卡纸

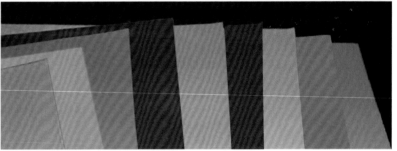

图 3-3　玻璃卡纸

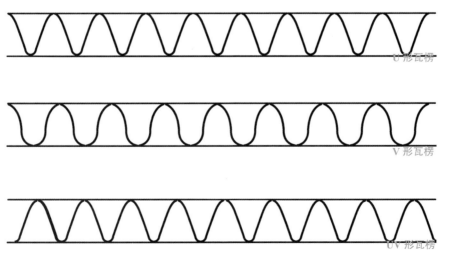

U 形瓦楞

V 形瓦楞

UV 形瓦楞

图 3-4　瓦楞的楞形

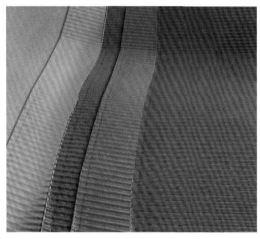

图 3-5　各种瓦楞纸板

2.塑料包装材料

塑料具有牢固、轻便、美观、经济等优点，可塑性强，防水防潮性好，能适应各种容器对造型的要求。塑料的形态有硬有软，可以制成透明或不透明，并可配制出各种色彩和质感，应用范围广泛，已经成为一种极为普及的包装材料。随着技术的发展，塑料包装正在广泛代替金属、玻璃和纸质包装。

但是，塑料耐热性差，容易变形、老化，不可降解，回收成本高，容易造成"白色污染"。随着科学技术的进步，许多新型的可降解塑料可以解决这个问题。

塑料包装材料按照用途可以分为塑料薄膜和塑料容器两大类。

（1）塑料薄膜。塑料薄膜具有价格低、透明性能好、保护性能好等特点，常用于商品的密封包装，可防潮、防腐，在真空灭菌状态下密封，还可制作软包装罐头，如图 3-6 所示。

（2）塑料容器。即中空吹塑容器，以中空成型方法加工而成，有开口容器和闭口容器两种。它具有造型多变、轻便耐用、密封防潮、耐腐蚀、可再回收利用、透明性能好等特点，也可以制作各种颜色的不透明容器，广泛应用于食品、饮料、化妆品、药品等包装，如图 3-7 所示。

3.金属包装材料

金属包装材料具有坚固、抗压、密封、防潮等性能，为保护内部物品提供了良好条件，可用于物品的长期存储，已成为目前重要的包装材料。

金属材料的种类很多，用作包装材料的主要是马口铁、铝等。

图 3-6　宠物食品包装　克瑞斯·摩根

图 3-7　塑料饮品包装　Michel Murdoch（英国）

（1）马口铁。马口铁指镀锌的铁皮，本身易生锈，但是在完好的保护层下，金属光泽可以持久不变。由于它自身的牢固以及便于印刷等优点，因此常用于制作高级饼干、咖啡、茶叶、巧克力和奶粉等的包装盒。

（2）铝。铝具有很大的延展性，比重小，不易生锈，光亮度持久不变，并且可以直接印刷，广泛应用于饮料等液体产品的包装中，最为常见的是易拉罐。铝与其他金属混合即为铝合金，可以增加金属的机械性能，提高抗腐蚀能力，可用于罐、盘、杯、盖等的制作，如图 3-8 ～图 3-10 所示。

4. 玻璃包装材料

玻璃是一种比较古老的包装材料，具有化学性能稳定、耐腐蚀、无毒、无味、生产成本较低、易于回收利用等优点，可制成透明、半透明和不透明的各种形状的容器，多用于膏体、液体等产品的包装，但玻璃较重、易碎、运输成本高。

不同的玻璃器皿有不同的用途，如大口瓶多用于果酱等半固体产品的包装，小口瓶多用于高级饮料、酒类、化妆品等液体商品及各种药类等的包装，如

图 3-11 ～图 3-13 所示。

5. 复合材料

复合材料是通过一定的方法和技术手段，将两种或两种以上的材料通过一定的技术加工复合，使其具有多种材料的特性，用来弥补单一材料的不足，形成具有综合性质的更完美的包装材料。

与传统包装材料相比，复合材料具有节省能源、易于回收、生产成本低、包装重量轻等优势。目前，复合包装材料的应用越来越受到重视和提倡，如图 3-14 所示的日本豆腐包装容器用的就是生物分解性纸容器。

6. 天然包装材料

从古到今，人们常常利用手边的天然材料制作成保护物品的包装，如图 3-15 所示。

随着绿色包装口号的提出，人们的环保意识逐渐增强，许多产品包装又回归大自然本身，植物纤维、木头、竹子、藤条、树叶等天然材料在产品包装行业日渐盛行。天然包装材料不仅成本低廉，而且在湿热的条件下可以自行分解，不会对环境造成污染，如图 3-16 和图 3-17 所示。

图 3-8　啤酒包装　Derrit Derouen（美国）

图 3-9　乳品包装　Helena Bueno（巴西）

图 3-10　乳制品包装（意大利）

图 3-11　草本性烈酒包装　Azar Kazimir（德国）

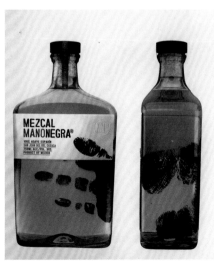

图 3-12　梅斯卡尔酒包装　Rodrigo Tovar，Francisco Rueda（墨西哥）

图 3-13　有机蜂蜜包装　Marcel Buerkle（南非）

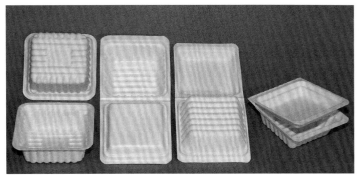

图 3-14 日本豆腐包装容器

图 3-15 打火机包装 三协（日本）

图 3-16 果篮 张美月

图 3-17 猫粮包装 栾洋

7. 新兴材料

随着包装安全要求的提高，包装材料的种类也日益多样化，世界各国高度重视新材料的开发，陆续研发出各种新材料，如可回收再利用或再生的材料、可降解的塑料包装材料、可食性包装材料、纳米材料等，这些材料遵循绿色包装的原则，节约了材料资源、减少了材料使用、降低了包装成本。

图 3-18 所示的日本鲭鱼寿司午餐包装，利用一些再生的材料，既漂亮又不失传统的文化寓意，在储藏方面还可以延长产品的保质期。图 3-19 所示是一个放在冰箱里的鸡蛋包装盒。这个产品是 Wertel Oberfell 与 Tobias Schmidt 合作为 Neff 厨具公司设计的，与 Neff 公司生产的新型冰箱一起推出，共分两层，其中一层选用白色塑料搭配点状的表面结构，另一层则是半透明的彩色塑料壳，能够以三种位置嵌套在白色底盒上，分别可以盛装 6 个、8 个或 10 个鸡蛋。这个设计旨在为那些成本仅为几美分，用完就扔掉的日常生活用品设计一个极具雕塑感的造型，进一步扩展了产品本身的功能。

图 3-18 日本鲭鱼寿司午餐盒包装

图 3-19　数字塑模鸡蛋包装盒　Wertel Oberfell&Tobias Schmidt（德国）

二、包装材料的选择原则

1. 以产品需求为依据

材料的选择不是随意的，要做到"有的放矢"，符合产品特点，准确传递产品信息。如液体产品，首先要考虑材料的密闭性，可以选择的材料有塑料、玻璃、陶瓷、金属；然后看产品是否具有腐蚀性和挥发性，是否需要避光，是否是有色液体，产品的档次如何，综合以上所有信息进行选择。

2. 经济环保

包装应该以尽量少的投入获得尽量多的回报，材料的选择要适度，与品牌的形象和产品特点吻合，不必一味地追求外观的华丽。即使是高档包装，也应着眼于提升设计的品位，着重寻求材料、造型、外观的和谐。

以纸制品为例，牛皮纸和瓦楞纸都属于价廉的材料，牛皮纸配合单色印刷往往可以营造出粗犷怀旧的氛围，瓦楞纸配合压印 Logo 能够给人以高品质的印象，在高档包装中也很常见。这样既可以保证设计要求，又能降低印制成本，达到两全其美的效果，如图 3-20 所示。

包装材料的选择还要注重环保，尽量选择可回收利用、可降解、加工无污染的材料，如能够使用纸质材料，则应避免使用玻璃、木材、金属等材料。例如，塑料材料可塑性强，价格低廉，但是不容易降解（尤其是塑料袋），很难回收利用，因此可以考虑使用纸制品、玻璃制品、可降解的新型塑料材料，或者制作可再回收利用的容器。

图 3-20　茶包装　马倩

任务二　包装造型设计

一、包装造型的概念

包装造型是指根据商品所具有的相关属性，结合设计法则，并选择适合的材料和工艺技术完成的包装结构与形态。包装造型以储存保护商品、方便使用和传达信息为主要目的。它既包含功能效用、工艺材料和工艺技术等因素，也包含外形的美观因素，具有物质与精神的双重价值，是一种与现代化工业紧密结合的、科学技术与艺术形式相统一的、美学与使用目的相联系的实用美术设计。优美而实用的造型设计为包装的视觉传达和使用价值奠定了良好的基础，包装的造型设计应该具有一定的科学性、实用性、美观性，以满足消费者的各种需求。

二、包装造型设计的原则

1. 结合商品特性

不同商品有不同形态和特性，对于包装材料和造型的要求也不尽相同，因此需要有针对性地进行设计。如具有腐蚀性的产品就不宜使用塑料容器，而应使用性质稳定的玻璃容器。有些商品不宜受光线照射，就应采用不透光材料或透光性差的材料。碳酸类饮料等产品具有较强的膨胀气体压力，所以容器应采用圆柱体外形，以利于膨胀的均匀分散。油脂等乳状黏稠性商品，如果酱、护肤用品、药膏等，容器开口要大，便于使用。香水等易挥发性商品的容器设计则要尽量减小瓶口的尺寸

以减少挥发（图 3-21）。要充分分析商品的特性，配合材料的特点及印刷工艺展开合理的构思，在能够保护产品的前提下，进一步考虑到包装的便利与成本，实现造型设计的最大意义。

2. 使用便利

容器的便利性主要体现在两个方面：一是便于携带；二是便于使用。满足消费者以上两点需求，其造型设计便实现了包装的基本价值，同时，也是企业通过商品展现其经营文化理念和社会责任感、树立良好企业形象的机会。使用便利的原则是容器造型设计的基础，我们在日常生活中常会遇到很难开启的包装，相对之下携带和开启方便的商品就会得到消费者的青睐。如在食品的包装封口处设计一个撕裂口，日用品等通过按压式开关控制瓶盖等。一个精心设计的小装置虽然会增加少许成本，却能给消费者带来很大的便利，也必然能转化为企业效益（图 3-22）。

图 3-21 phenome 有机护肤品包装设计

图 3-22 方便的黄油盒设计

3. 视觉与触觉美感兼顾

互联网时代的来临，为人们提供了一个迅速而庞大的获取信息资源的平台，人们的视角逐渐开阔，审美水平也不断提高，对生活的品质也提出了更高的要求。包装对于消费者的意义已不再只是方便携带那么简单，对于其美的要求也越来越高。容器造型应该是具有美感的造型，其造型形态与艺术个性是吸引消费者的主要方面。容器的造型性格与产品本身的特性应该是和谐统一的，如女士香水包装造型上体现柔美及韵律节奏的曲线（图3-23）；男士香水包装造型上直线、几何形的应用，与男性刚毅的性格特征相对应（图3-24）；儿童用品容器多为可爱活泼的造型等。另外，当商品被消费者拿在手中时，其触觉也会给人带来审美的感受，其表面的光滑、细腻或是肌理起伏都会传达出不同情绪与情感特征。触觉肌理与视觉造型的和谐统一构成了完整的容器造型设计的美感特征。

4. 结合人体工学知识

无论是产品本身还是外在包装形象，人性化的设计理念越来越成为更多商家在进行产品研发与形象推广过程中所考虑的重要因素之一。容器设计的最终目的是人的方便使用，因此必须考虑到人在使用过程中手或其他身体部位与容器之间相互协调适应的关系。这种关系主要体现在设计尺度上。如人类的手的尺度是相对固定的，手在拿、开启、使用、倾倒、摇晃等运动过程中，容器造型如何能使得这些动作方便省力，这些就构成了容器造型设计中尺寸把握的依据。有些容器还根据手拿商品的位置在容器上设计了凹槽（图3-25），或特别注意了磨砂或颗粒感等肌理的运用，有利于手的拿握和开启。

5. 考虑工艺性

不同材料的容器加工工艺有所不同，有些材料的加工对造型有一定的要求，如果不考虑加工工艺的特点，一个很好的造型即使生产出来也可能达不到预期设想的视觉效果，或是虽然达到要求却大大增加了制作成本，因此，一个合格的设计者除具备一定的艺术修养、设计思想外，还应具备各种材料工艺性的基本常识，能够与生产环节充分沟通，在造型设计时合理地设计线条、起伏和转折，以确保设计方案顺利实施。

6. 便于运输和储存

包装容器造型结构要科学，尽量合理地压缩包装体积。这样既可以节省材料，又可以减少运输、仓储空间，减少费用的支出。如在考虑单体包装的储存和工艺造型美感的基础上尽量减轻包装的自重，控制包装所带来的垃圾，合理进行包装结构的简化，充分考虑方便装箱和批量运输（图3-26）。

7. 注重环保理念

回收再利用及废弃物处理、减少对环境的污染是近年来包装设计的焦点之一，也是今后包装发展的重大课题。绿色包装、生态包装已成为各国包装界共同追求的目标。作为包装容器，需从造型上考虑回收的方便、销毁的便捷及包装容器对环境是否会造成物理、化学等破坏（图3-27）。

图3-23　Dior（迪奥）真我女士香水包装　　　　图3-24　巴宝莉男士香水包装　　　　图3-25　结合人体工学的包装

图 3-26 便于运输和储存的自行车车轮包装

图 3-27 利用再生纸浆制作的鞋品包装

三、包装造型设计的思维方法

包装造型设计是一个三维空间的立体造型设计，以几何形状为主体元素加以个性化的设计表现，因此在设计的思维方法上也应该从多样式、多角度进行考虑。

1. 体面的起伏变化

包装设计既然是三维的造型活动，就不应该仅限于平面视觉角度的曲线起伏变化，而应该利用三维纵深的起伏变化来加强审美的愉悦感。这种起伏变化在设计时应该考虑到不影响容器的功能性以及与商品特性之间的和谐关系，体面的起伏变化可以使包装在造型结构上呈现出完全不同的视觉感（图 3-28）。

2. 体块的加减组合

对一个基本的体块进行加法或减法的造型处理是获取新形态的有效方法之一。对体块的加减处理应考虑到各个部分的大小比例关系、空间层次节奏感和整体的统一协调。对体块进行减法切割，可以得到更多的体面变化，做的虽然是减法，实际上却得到了加法的效果，加减是相辅相成的（图 3-29）。

3. 仿生造型

人类的许多科技成果都是根据仿生学原理创造出来的，在自然界中的动物、植物、山水等景观中，充满着优美的曲线和造型，这些都可以作为设计造型的构思参考。如水滴形、树叶形、葫芦形、月牙形等常被运用到造型设计中（图 3-30）。

4. 象形模仿

象形模仿与仿生造型有所相似，但也有所不同。仿生造型注重神似，是对形象造型的概括抽象提取；象形模仿则是更注重形似，通过一些夸张、抽象或变形以使这种表现手法更加丰富，与产品个性更加协调一致。图 3-31 所示为美国金佰利设计公司设计的"分享夏日"纸巾产品包装，其外包装盒设计成被切成片的各种多汁的水果，如西瓜、柑橘、柠檬等，看起来非常诱人。

5. 肌理对比

肌理对比的方式有多种，如大小、明暗、形状、肌理等都可以产生对比；肌理对比的手法可以使对比的双方都得到加强，利用这个原理，在造型设计时运用不同的肌理效果产生对比，可以增强视觉效果的层次感，使主题得到升华。包装在材料的选择上更具多样化，不同的材料和工艺的运用可以创造出丰富的肌理效果。图 3-32 所示是 tommy hlfiger 全新经典男士香水包装，宛如车牌的金属铆钉装饰造型展现出男士勇于追求目标的冲劲和刚强，细致、光锐、硬朗的肌理效果更是体现出了该产品的独特个性。

图 3-28 包装设计中体面的起伏变化

图 3-29 包装设计中体块的加减组合

图 3-30 包装设计中的
仿生造型

图 3-31 包装设计中的象形模仿

图 3-32 包装设计中的肌理对比

6. 通透变化

通透变化手法可以视为一种特殊的减法处理，对基本形进行切割，使整体造型出现洞或孔的空间，从而获得一种新的形式美感。这种设计手法有些只是为了求取个性的造型，有些则是具有实际功能。这种方法虽打破了基本形内部的整体性，但形体的外轮廓却给人以流畅、简洁、明快的统一感。如图 3-33 所示，在产品造型设计上进行通透处理，对一侧进行曲线加工，符合人们的抓握习惯，为消费者提供了更多的方便。

7. 变异手法

变异手法是指在相对统一的结构中，并在局部安排与整体造型、材料、色泽不同的部分并使这个部分成为视觉的中心点或是创意的画龙点睛之笔，从而使整个结构富于变化，具有层次感和韵律感。变异手法能够让人眼前一亮，快速抓住消费者的眼球。

8. 包装盖的造型处理

包装盖是容器不可分割的重要组成部分。在整体造型统一设计的前提下，包装盖的造型可以丰富多样。因为通常盖部并不承载商品的重量，而只是起到密闭的作用，为盖部的造型设计提供了丰富变化的可能。通过精

心设计，盖部可以为整体造型锦上添花，从而提高容器的审美价值（图 3-34）。

任务三　包装结构设计

一、瓶容器结构设计

容器的结构与造型设计应追求新颖、优美，但同时也要注意容器各部位的比例与尺度的把握，只有将使用功能与形式美感相结合，才能设计出满足人类需求的高品质包装。瓶类容器在人们的生产生活中占据重要的地位，如水、饮料、化妆品以及各类溶剂等都会选择瓶容器进行包装。

1. 瓶容器结构

瓶容器具有悠久的历史，其种类繁多，形态各异，被广泛地应用于多个领域。瓶容器对保存流动性产品具有一定的优势，产品密封后可以防止洒漏、挥发并能够保存香味。其结构包括流、颈、耳、肩、腹、足以及盖（图 3-35）。

图 3-33　包装设计中的通透变化手法

图 3-34　香水瓶盖的造型

图 3-35　瓶容器结构

（1）盖。盖是可以与瓶体分离的部分，因此设计的空间更为广泛，可根据企业整体形象或产品相关属性展开联想，新颖独特的瓶盖设计可以极大地提升产品的趣味性，诱导消费。

（2）流。流指瓶类包装容器的出口处，也就是人们常说的瓶口。出口处设计要圆润、平滑，应避免材质粗糙和工艺低劣等因素给使用者造成伤害。瓶口设计还应该充分地考虑其与盖的闭合作用以及与盖相结合的形式等，以方便扭动和再封口。

（3）颈。颈是口部之下的部分，受口部和肩部的双重制约，其结构和造型缺乏独立性。颈是用来控制流量的部分，起到控制产品（液体）缓冲的作用。

（4）耳。耳多出现在陶瓷类材质的容器造型设计中，一般耳位于肩的上方，一方面，用以点缀、装饰整个瓶体；另一方面，可充当提手或用以穿绳，方便携带。

（5）肩。肩是瓶容器结构展开设计的关键，肩的造型设计可以改变容器的整体外观效果。

（6）腹。腹是容器的主体部分，也是盛装产品的主要部分，腹的造型设计决定了盛装产品的体积与重量。

（7）足。足是整个容器的最底端，是用以保持容器稳定性的部分。

2. 瓶容器结构与造型设计

根据选择材料的不同，瓶装容器可分为塑料瓶容器、陶瓷瓶容器、金属瓶容器以及复合材料瓶容器等。根据其形态特点，瓶装容器可分为细长型、圆润型、方正型以及特异型。其主要用于包装水、饮料、香水、化妆品和调味品等。瓶类包装容器根据其产品自身特性、材料选择和工艺技术的不同可呈现多种形态，同时，带给消费者不同的视觉感受和心理联想。

（1）细长型。瓶体高，瓶颈长，整体造型显得俏丽而精致。如图 3-36 所示，这款红酒包装瓶整体造型给人细长的感觉，瓶身直径大小的设计充分考虑到了人手抓握的能力，符合人体工学设计。

（2）圆润型。瓶体似圆、椭圆形态，给人以饱满、润泽感。人头马干邑白兰地瓶体设计如图 3-37 所示，瓶身圆润，加以切面设计，尤显产品的高品质。

（3）方正型。其造型方正，给人端庄和稳重的感觉（图 3-38）。

（4）特异型。特异型是打破常规图形基础特点，通过加减、破坏、变异等手法进行设计。特异型设计别具风格，带给消费者更多的新鲜感，很多特异型的包装设计使消费者的购买目标发生改变，因为喜爱这种独特的包装进而购买产品。如图 3-39 所示，安娜苏洋娃娃女士香水，整个瓶身设计成可爱的洋娃娃形象，对于女性消费者来说无疑是一种极大的诱惑。

二、纸容器结构设计

纸材是包装设计中最为常用的材料。它具有重量轻，便于印刷、加工、运输和携带方便，经济成本低以及可回收再利用等优点，纸制包装更是以其成本低、易加工、适合大批量生产、结构变化丰富多样的特性广泛应用于多种物品中。

图 3-36　红酒包装

图 3-37　人头马干邑白兰地瓶体　　　　图 3-38　曼秀雷敦男士洗面奶

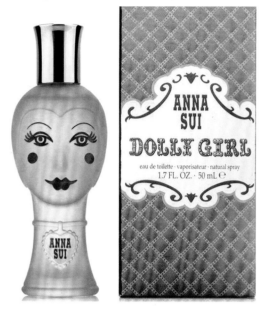

图3-39　安娜苏洋娃娃女士香水

（一）常态纸盒结构设计

常态纸盒结构是指纸盒结构中最基本的一些成型方式。其结构简单、使用方便、成本低廉，适合大批量生产，是纸盒结构中最常应用到的一些结构。常态纸盒结构按照形态大致可以分为管式纸盒结构和盘式纸盒结构两大类型。

1. 管式纸盒结构设计

管式纸盒是主要的纸盒种类之一。管式纸盒结构包装在日常包装形态中最为常见，主要体现在盖和底的组装方式上。大多数用纸盒包装的食品、药品、日常用品（如牙膏、西药、胶卷等）都采用这种包装结构方式。在众多的纸盒结构中，其形态相对较小，方便携带。其特点是在成型过程中，盒盖和盒底都需要摇翼折叠组装（或黏结）固定或封口，而且大都为单体结构（展开结构为一整体），在盒体的侧面有粘口，纸盒基本形态为四边形，也可以在此基础上扩展为多边形。

（1）管式纸盒的盒盖结构。盒盖是装入商品的入口，也是消费者拿取商品的出口，所以在结构设计上要求组装简捷和开启方便，既保护商品，又能满足特定包装的开启要求，比如多次开启或一次性防伪的开启方式。管式纸盒盒盖的结构主要有以下几种方式：

①摇盖插入式：其盒盖有三个摇盖部分，主盖有伸出的插舌，以便插入盒体起到封闭作用。设计时应注意摇盖的咬合关系问题，注意避免影响插舌插入效果。这种盒盖在管式纸盒结构包装中应用最为广泛（图3-40）。

②锁口式：这种结构通过正背两个面的摇盖相互产生插接锁合，封口比较牢固，但组装与开启稍麻烦（图3-41）。

③插锁式：插锁式是插接与锁合相结合的一种方式，结构比摇盖插入式更为牢固（图3-42）。

④摇盖双保险插入式：这种结构在纸盒的开启处进行了插舌锁扣设计，使摇盖受到双重的咬合，防止盒盖自动弹起，非常牢固，而且摇盖与盖舌的咬合口可以省去，更便于重复多次开启使用（图3-43）。

⑤黏合封口式：这种黏合的方法密封性好，适合自动化机器生产，但不能重复开启，适用于包装粉状、粒状的商品，如洗衣粉、谷类食品等（图3-44）。

⑥连续摇翼窝进式：这种锁合方式造型优美，极具装饰性，但手工组装和开启较麻烦，适用于礼品包装（图3-45）。

⑦正掀封口式：利用纸的弹性特性，采用弧线的折线，掀下压翼就可以实现封口。这种结构在组装、开启、使用时都极为方便，而且最为省纸，造型也优美，适用于小商品的包装（图3-46）。

⑧一次性防伪式：这种结构形式的特点是利用齿状裁切线，在消费者开启包装的同时，也破坏包装结构，以防止有人再利用包装进行仿冒活动。这种包装主要用于药品包装和一些小食品包装等（图3-47）。

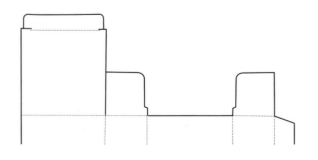

图3-40　摇盖插入式

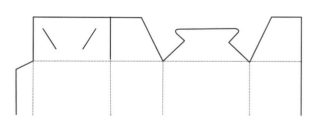

图3-41　锁口式

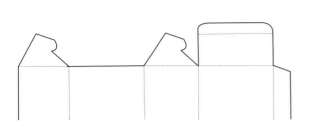

图 3-42　插锁式

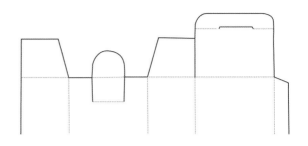

图 3-43　摇盖双保险插入式

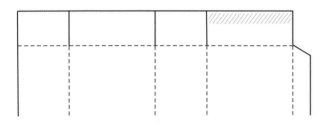

图 3-44　黏合封口式

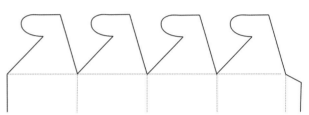

图 3-45　连续摇翼窝进式

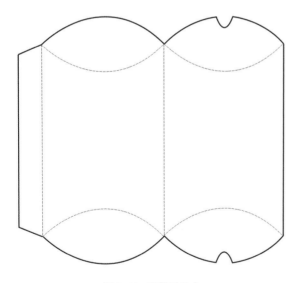

图 3-46　正掀封口式

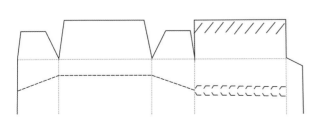

图 3-47　一次性防伪式

（2）管式纸盒的盒底结构。盒底承受着商品的重量，因此强调其牢固性。另外在装填商品时，无论是机械填装还是手工填装，结构简单和组装方便是基本的要求。管式纸盒的盒底主要有以下几种方式：

①别插式锁底：利用管式纸盒底部的四个摇翼部分，通过设计使它们相互发生咬合关系。这种咬合通过别和插两个步骤来完成，组装简便，有一定的承重能力，在管式结构纸盒包装中应用较为普遍（图 3-48）。

②自动锁底：自动锁底是采用了预黏的方法，但黏结后仍然能够压平，使用时只要撑开盒体，盒底就会自动恢复锁合状态，使用极其方便，省时省工，并且具有承重力，适合自动化生产（图 3-49）。

③摇盖插入式封底：其结构同摇盖插入式盒盖完全相同，这种结构使用简便，但承重力较弱，只适合包装小型或重量轻的商品（图 3-50）。

④间壁式封底：间壁式封底结构是将管式纸盒的四个摇翼设计成具有间壁功能的结构，组装后在盒体内部会形成间壁，从而有效地分隔、固定商品，起到良好的保护作用。其间壁与盒身为一体，纸盒抗压强度较高并可有效降低成本（图 3-51）。

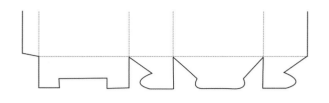

图 3-48 别插式锁底

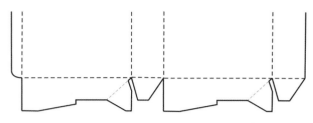

图 3-49 自动锁底

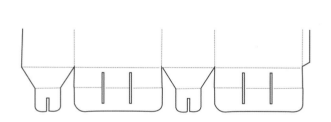

图 3-50 摇盖插入式封底

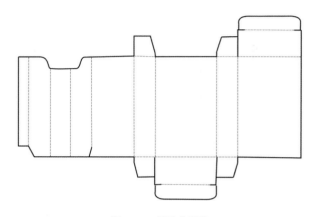

图 3-51 间壁式封底

除以上这些盒底结构外，与盒盖结构相同的锁口式、插锁式、黏合封口式、连续摇翼窝进式、正掀封口式等结构形式也常同时被用作盒底的结构形式。盒底结构设计应尽量避免过于复杂，如果盒底结构过于复杂，那么就会增加包装组装的时间，加大包装制作的工作量。盒底结构应在满足商品承重具有一定的牢固性的基础上，尽量简化包装结构。

2. 盘式纸盒结构设计

盘式纸盒结构是由纸板四周进行折叠咬合、插接或黏合而成型的纸盒结构，这种纸盒在盒底上通常没有什么变化，主要结构变化体现在盒体部分。盘式纸盒一般高度较小，开启后，商品的展示面较大。这种纸盒结构多用于包装纺织品、服装、鞋帽、礼品、工艺品等商品（图 3-52）。

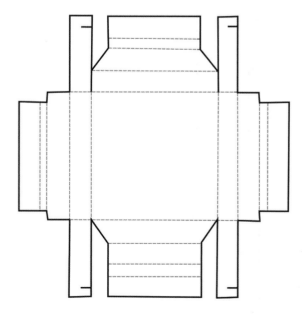

图 3-52 包装设计 **Progress**（英国）

（1）盘式纸盒的成型方法。

①锁合组装：通过锁合使结构更加牢固（图 3-53）。

②别插组装：没有黏结和锁合，利用纸板折合形成的敞口盒子，使用简便，用途广泛，常用于服饰类展示产品包装（图 3-54 和图 3-55）。连续插别式的盒盖样式新颖，通过"插"与"别"可呈现多种样式，好似花朵一般绽放，适用于食品、礼品类包装。

图 3-53 锁合组装样式图

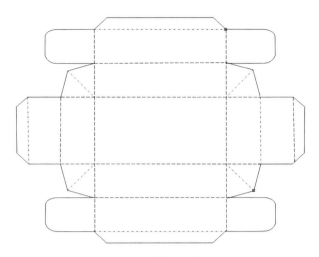

图 3-54 别插组装样式图

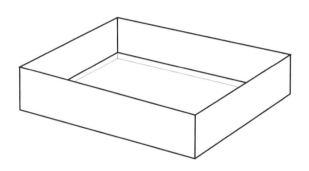

图 3-55 别插组装完成图

③预黏式组装：通过局部的预黏，使组装更简便（图 3-56）。

（2）盘式纸盒的盒盖结构。

①摇盖式：一体成型的包装结构，在盘式纸盒的基础上延长其中一边设计成摇盖。其结构特征类似于管式纸盒的摇盖（图 3-57）。

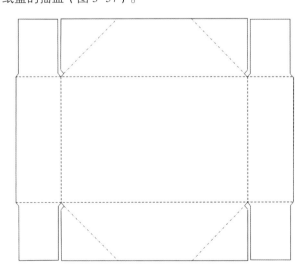

图 3-56 预黏式组装样式图

图 3-57 摇盖式盒盖

②连续插别式：其插别方式类似于管式纸盒的连续摇翼窝进式盒盖（图 3-58）。

③罩盖式：盒体是由两个独立的盘形结构相互罩盖而组成的，常用于服装、鞋帽等商品的包装。这种结构的包装还可以套入小于盒体的包装，实现包装包裹的形式，强化品牌的系列性（图 3-59）。

图 3-58 连续插别式盒盖

图 3-59 罩盖式盒盖

④抽屉式：由盘式盒体和外套两个独立部分组成。抽屉式包装设计要注意盒体和外套的贴合要紧密，避免外套过大造成与盒体脱落的现象，又或是外套太小无法套入盒体的现象（图3-60）。

⑤书本式：开启方式类似于精装图书，摇盖通常没有插接咬合，而通过附件或贴口来固定。此方式的包装成本相对较高，多用于定位在高端的产品包装（图3-61）。

（二）特殊形态纸盒结构设计

为了在商业竞争中脱颖而出，企业通常在纸盒包装结构上采用出奇制胜的设计来增强形象力。特殊形态的纸盒结构是在常态纸盒结构的基础上进行变化加工而成的，充分利用纸的各种特性和成型特点，可以创造出形态新颖别致的纸盒包装，但是作为一件优秀的包装结构设计，其生产及使用上的便利性、用材的经济性也是不可忽略的。

特殊形态纸盒结构设计的特殊性可通过以下一些设计思维方法表现出来。

1. 异型变化

异型变化是在常态结构基础上通过一些特殊手法使纸盒结构产生变化，具体成型方法主要有：

（1）通过改变折线来改变造型（图3-62）。

（2）通过改变盒体体面关系来改变造型（图3-63）。

2. 拟态象形

拟态象形是在包装造型设计上模仿一些自然界生物、植物以及人造物的形态特征，通过简洁概括的表现手法，使包装形态更具有形象感、生动性和吸引力。拟态象形不是单纯追求逼真、做到神似即可。因为它首先是一件商品包装，既要兼顾造型，又要满足功能。拟态象形手法的许多细节可以通过表面的装饰来辅助完成。如图3-64所示，整个包装设计选择黄白颜色的线条进行倾斜处理，与凤梨形态十分吻合，包装上方选择镂空设计，整个包装好似凤梨的形象映入消费者眼帘。

3. 集合式

利用纸张、塑料或其他材料成型，在包装内部形成间隔，将商品置于间隔处，可以有效地保护商品，提高包装效率。集合式包装主要用于包装杯、瓶、罐等硬质易损的商品，如图3-65所示的"EVEPET"索尼PS3集合包装，在造型上更加富有人情气息和互动性。打开奇特小屋似的外包装，一个神奇玩具砰然跃出，惊喜之余，可见产品软件及硬件的组合井然有序，一目了然，充分体现了集合式包装的分区功能。

4. 手提式

手提式包装的主要目的是便于消费者的携带，一些有一定重量的商品如集合式饮料、小家电、礼品的包装常采用这种结构形式，需根据实际商品的重量合理运用纸张材料和结构。通常，手提式结构有两种表现形式：一是提手与盒体分体式结构，提手通常采用综合材料，如绳、塑料、纸带等；二是提手与盒体一体式结构，即利用纸张的韧性，让手提处与盒体一同成型的方法（图3-66）。

5. 开窗式

开窗式包装通过开窗可以使消费者直接看到商品的部分内容，做到"眼见为实"，以增加消费者对商品的信心。开窗在包装上的位置、形状和结构的变化非常自由，但也有几个基本原则：一是不破坏包装结构的牢固性和对商品的保护性；二是不影响商品品牌形象的视觉传达表现；三是要注意开窗形状与商品形象露出部分的视觉协调性。通常要在开窗的部位加上一层透明的材料（如塑料、玻璃纸等），以保护商品（图3-67）。

6. POP式

POP（Point of Purchase）原意是售卖点的广告宣传。在零售过程中为吸引消费者的注意，引起其购买欲望而伴随商品同时推出的售卖广告形式，宣传效果非常直接有效。POP式包装是集合了商品包装与POP式广告宣传为一体的包装形式。它利用纸盒结构成型的原理和纸张的特性，通过精心设计，可以达到良好的宣传效果。

图 3-60　抽屉式盒盖 Maria Shtch（俄罗斯）

图 3-61　书本式盒盖

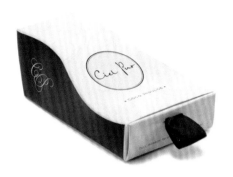

图 3-62　通过改变折线来改变造型的手法

图 3-63　通过改变盒体体面关
系来改变造型的手法

图 3-64　琉球特产
凤梨包装

图 3-65　"EYEPET"索尼 PS3 集合式包装

图 3-66　提手与盒体分体式手提包装

图 3-67　开窗式
时尚包装

有些 POP 式包装盒沿着撕开线打开后可以成为商品展示盒，可谓一举两得。POP 式包装在包装成本上可能会稍高些，但是能节省 POP 式包装广告的预算费用，因此还是非常经济合算的（图 3-68）。

7. 吊挂式

在超市中，电池、文具、牙刷等小商品在货架上如果摆放的位置和角度不理想，则很容易被人们忽略，所以吊挂式包装应运而生。它使这些小商品能够以最佳的位置和角度出现在人们的视线中。吊挂式包装需留有吊挂孔，吊挂孔的大小和位置应根据产品的实际重量加以考虑，切不可忽略保护产品这一最基本的要求。其特点是使用方便，易陈列展示（图 3-69）。

图 3-68　POP 式包装　John Moerner

图 3-69　吊挂式包装

8. 易开式

易开式包装是一种开启很方便的一次性包装，它通过在包装结构中设置齿状裁切线或易拉带的方式开启包装。这种包装密闭性好，使用方便，适用于包装粉状商品或快餐盒冷冻食品等。在设计开启的位置和方式时应注意以下几点：

（1）适合机械化生产；

（2）使用方便，开启处应易于识别；

（3）开启后应尽量不影响和毁坏商品的品牌形象，尤其是商标和品牌（图3-70）。

9. 倒出口式

倒出口式包装通常用来包装需重复使用的商品，它通过纸盒自身设计出的可开合式出口一次取出定量的商品。倒出口式包装对商品的形态有一定的要求，商品必须具有较好的流动性，如液体的、粉状物的、颗粒状的或小块状的，而且商品是需多次取用的。倒出口式包装的出口位置设计根据商品的特性可上可下，一般液体、粉状物的出口设计在包装上部，固状物的出口则可以设计在包装的下部。开口的结构一般利用纸张结构本身一体成型就能做到，也有分体成型的，配件可用塑料、金属等制成（图3-71）。

（三）其他纸包装容器结构设计

1. 纸袋

纸袋按其形状可分为信封式纸袋、平袋、角撑袋（折裆袋）、六角形粘贴袋、方底纸袋、手提式便携纸袋（购物袋）、M形折纸袋、筒式纸袋、阀式纸袋、开窗袋、锥形袋、夹底袋、立式袋以及各种特制纸袋等（图3-72和图3-73）。

纸袋按其层数可分为单层纸袋、双层袋、多层袋。

纸袋按其封口形式可分为缝合敞口袋、黏合敞口袋、阶梯形袋端的黏合阀式袋、扁底敞口袋。

2. 纸罐

以纸板为主要材料制成的圆筒容器并配有纸盖或其他材料制成的底盖通称为纸罐。纸罐由于重量轻，不生锈，价格便宜，常被用来代替马口铁罐用作粉状、晶状和糕点、干果等商品的销售包装。在纸罐内壁使用复合防水材料后还可用作液体、油料的包装，也可以作为纺

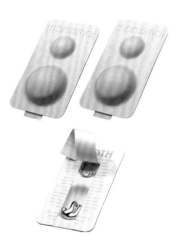

图3-70 易开式包装

图3-71 倒出口式包装

图3-72 手提式便携纸袋

图3-73 国外食品纸袋包装

织品、尼龙等卷轴管使用。从材料上分，纸罐有全纸质纸罐和复合式纸罐两种（图3-74和图3-75）。

纸罐按其基本结构可分为以下两种：

（1）螺旋形卷绕复合罐：这种结构可形成一个连续的筒管，是一种高速而经济的制罐方法。其特点是能加工出多种规格的包装，效率高。

（2）多层卷绕复合罐（平卷黏结复合罐）：这种纸罐根据罐高和直径规格将纸板或复合材料切成平板状（罐身展开平面），然后绕在预制的芯轴上粘贴而成。可根据需要，采用不同的材料进行多层卷绕粘贴。一般有双层与多层卷绕，特点是变化规格简单。

3. 纸杯

纸杯为纸质容器，通常口大底小，可以套叠起来，便于取用储存。此种容器可用于盛装乳制品、果酱、蜂蜜及冰激凌等。纸杯通常使用经过表面涂布处理过的纸板，以石蜡表面涂布或浸蜡处理，也有的采用聚乙烯涂布剂制成高强度的纸杯（图3-76）。

纸杯按形状分为扩口杯、缩口杯与圆柱形杯三种，也可分为角形（方形）纸杯、圆形纸杯、圆筒形纸杯，其中圆形纸杯比较普遍。按材质，纸杯可分为单层杯与复合杯。按结构，纸杯可分为带盖纸杯、无盖纸杯、带把手纸杯、无把手纸杯四种。按用途，纸杯可分为饮料杯、冰激凌杯与快餐用杯。

复合杯是在印刷后模切成扇形，再接合端部，并用机械将上端缘与下部底黏合成型的。

饮料杯有冷饮杯与热饮杯，冷饮杯采用蜡浸纸板（原纸复合纸制或铝箔）制成；热饮杯用聚乙烯涂塑纸杯制成。饮料杯的制作过程是先将处理后的纸板模切成杯子坯料，在成型模上形成杯体，再将模切好的杯底嵌入，压成纸杯，同时，将杯体与杯底接合处用胶粘剂黏结或直接热封黏结。热饮纸杯一般采用热封黏结，有时用胶粘剂封底后再进行涂蜡处理。

图3-74　纸罐咖啡包装

图3-75　复合式纸罐

图3-76　哈根达斯冰激凌纸杯

各种不同的包装结构图

── 思/考/与/实/训 ──

1. 常用的包装材料有哪些？
2. 考察市场，搜集包装实物，分析产品与包装材料和造型的关系。
3. 瓶容器由哪些结构组成？
4. 管式纸盒的盒底结构主要有哪几种设计方式？
5. 根据产品特征进行纸包装实物练习。

包装设计的视觉要素传达

学习目标

　　熟悉包装设计的文字类型与文字特征；熟悉图形表现形式；掌握包装设计的色彩传达方式与设计原则；掌握版式设计的表现方法。

任务一　文字包装

　　文字是记录语言的符号，人类发明了各种各样的文字后，语言就超越了时间的限制，成了人们交流思想和表情达意的工具。

　　包装设计中可以无图形，但不可以无文字。如果一个商品的包装上没有一个文字，用它盛装商品，在流通过程中就会失去保护性。文字不仅可以传达商品信息，还能起到宣传商品、美化商品的作用。文字的书写形式和排列组合直接影响到画面的整体效果。

一、包装上的文字类型

　　包装设计的文字必须具有良好的识别性和易读性，在阅读上要有一定的主次性，要能够引导消费者阅读，进而让消费者了解商品包装所传递的内容。包装上的文字可分为4种类型。

1. 主体文字

　　包装上的主体文字包括品牌名称、企业标志、生产厂家及地址名称，一般安排在包装的主要展示面上；但生产厂家及地址名称也可以编排在侧面或背面。品牌名称的设计是包装设计的重点，其文字一般使用较大的字型，以便在包装的构成要素中拥有突出的地位，达到吸引消费者的目的。

2. 资料文字

　　包装上的资料文字包括产品成分、容量、型号、规格等。资料文字多编排在包装的侧面或背面，也可以安排在正面，根据包装的结构特点合理地进行安排。字体一般采用可读性强的规则印刷字体。

3. 说明文字

　　包装上的说明文字包括产品用途、用法、生产日期、保质期、注意事项等。因为文字多、受画面空间的制约等，文字内容应简明扼要，适合使用较小的字体及结构简单的字型，一般使用规则的印刷字体。说明文字通常不编排在包装正面，有时可将更详细的商品用途说明另外印刷放置于包装盒内。

4. 广告文字

广告文字指用于宣传商品的推销性文字，有时可以起到强大的促销作用，一般使用较小的字体，色调也较弱，字形小于主体字形。广告文字的内容应做到诚实、简洁、生动。

二、字体设计的原则

包装上的文字具有明确的语义传达作用，是对商品特征的说明，反映了包装的本质内容，而包装上的字体设计则是在此基础上，运用不同的字体形象及字体与字体之间的相互关系来加强文字语义的传达，是对商品特征认识的不断深化。字体设计应遵循以下原则。

1. 具有鲜明的识别性

包装文字要传达完整、正确的商品信息，使消费者可以清楚地通过文字了解商品及其功能，字体必须清晰准确。设计者不能为了单纯追求字体的艺术效果而任意改变其结构，增减其笔画，也不能设计出令人费解的字体，在选用书法字体时也要特别注重其易辨认性。所有的文字造型设计都是为了更好地衬托商品名，而不是削弱商品名，难以辨认的文字会失去最基本的功能，并导致包装设计失败。字体设计应简洁、醒目、易于辨认，具有强烈的可识别性（图4-1）。

2. 形式与内容统一

包装上的字体设计必须从内容出发，字体设计与内容紧密结合在一起，力求体现内容的含义及商品的主要特征，使文字形象的个性、艺术风格与商品一致，从而概括、生动、突出地表达文字的精神含义，增强宣传效果（图4-2和图4-3）。

3. 具有艺术性

字体设计的生命力在于它的艺术性，以及它对消费者的吸引力。在包装设计中，文字不仅要书写正确，而且要写得美观，因为美观和谐的字体能给人们带来审美的愉悦感（图4-4和图4-5）。

图4-1 杏仁奶糖包装

图4-2 中秋月饼包装

图4-3 SK-Ⅱ包装

图4-4 挂面包装设计

图4-5 日本食品包装设计

三、包装中文字的造型

包装中的文字类型主要包括中文字体、拉丁字母、美术字体。无论何种字体，都要规范，且具有个性，可根据不同商品的整体构思来变形和处理。

1. 中文字体

汉字的原始雏形是图画，从黄帝时期的仓颉造字到商周时期的甲骨文（图4-6），到秦汉时的小篆（图4-7）、古隶和宋明时期的印刷字体，再到现在常用的宋体、黑体、仿宋、综艺、琥珀、圆体等，经历了几千年的发展和演变。汉字是世界上最有趣、最奇妙的文字，与西方文字最大差别的是字的构造方式不同。

中文书法字体具有很好的表现力和不同的性格特点，是包装设计中的生动语言。书法字体运用在包装上的主要有隶书、行书、草书等，具有古朴、庄重、严谨、大方的特点，常用在表现中国传统文化的商品包装上（图4-8）。

印刷体的字形清晰易辨，在包装上的应用更为普遍（图4-9）。宋体在起笔、收笔和笔画转折处吸收楷体的用笔特点，形成修饰性衬线的笔型，具有稳重、典雅的风格，适合作为说明文字体，适用于传统商品、高档商品的包装。黑体笔画粗细一致，醒目、粗壮，具有强烈的视觉冲击力，对于表现不同的商品特性具有很好的作用，常用于工业产品、药品等的包装上。

2. 拉丁字母

拉丁字母虽然也产生于象形图像，但是和东方文字不同，拉丁字母是形、音对照，而不是形、意结合。拉丁字母大概可以分为衬线体、无衬线体、装饰字体（图4-10）。目前，用在国内包装上的拉丁字母主要是对中文的翻译，用于对版面的装饰。出口商品的包装或者外销商品的包装用拉丁字母较多，在组合的时候应注意中西方字体风格的统一、编排上的和谐、便于阅读等。

3. 美术字体

美术字体是一种将中文汉字和西方拉丁字母经过夸张、变形、装饰等手法美化后的一种字体，在包装中应用极广。设计时首先应掌握所要表现的产品或企业的背景情况，根据文字的内容运用想象力重新组织字形，使文字具有装饰性，符合产品或企业的形象（图4-11~图4-13）。

图4-6 甲骨文

图4-7 小篆

图4-8 丰田禾香包装

图4-9 印刷字体

图4-10 拉丁字母

图4-11 糖果花生包装设计

图4-12 CD包装设计

图4-13 糖果包装设计

任务二 图形传达

图形是一种非文字符号，与文字符号相比，具有直接明了传达信息的特点。它是视觉的直接感知，同时，不受文化、语言等条件的限制，广泛地被人们识别，成为最适合传达信息的"国际通用语言"。图形作为重要的视觉符号元素，向消费者传达商品的内容与信息，达到指导和劝说的目的，成为最直接、最容易传达、最易识别记忆的信息载体，在销售包装中扮演着重要的角色。

一、包装设计中的图形

包装设计中的图形是一种体现内涵观念与情感的视觉语言，图形的表现力强，表现形式多样，可采用照片、绘画等形式增加消费者对商品的兴趣，以视觉形象加深消费者对商品的认识和记忆。包装图形设计可以说是由思维通过心理活动并采用形式法则创造的可视图形。包装是图形的一个载体，涉及人类衣食住行的各个方面，表现题材非常丰富。包装图形的意义体现在视觉感染力、视觉指示性、视觉象征性、超越语言界限性等方面。

包装设计中的图形能让人产生丰富的联想，在信息的传达过程中使人产生一定的情感意味、审美意味和祈使意向。这就要求设计者具有敏锐的审视力，使用的图形应具有形象感、语义感和色彩感的视觉效果，对图、文、色及造型、结构的不同侧面角度的意义有较全面的理解和把握。

1. 图形的表现形式

图形的表现形式多种多样，每一个创作者的表现语言都有所不同，因此不同的技法也会产生不同的效果。总的来讲，包装设计中图形语言有具象图形和抽象图形两种表现形式。

（1）具象图形表现形式。具象图形表现形式是指对自然物、人造物的形象，用写实性、描绘性的手法来表现，让人一眼就能了解它表达了什么。其特征是容易让人由已知的经验直接引起识别及联想。这种表达方式最能具体地说明包装中的商品，并能强调商品的真实感。具象图形的表现形式通常以摄影图片、绘画图形为主要手段（图4-14）。

（2）抽象图形表现形式。抽象图形指用点、线和面变化组成有间接感染力的图形。在包装画面的表现上，抽象图形虽然没有直接的含义，但是同样可以传达一定的信息。抽象的点、线、面变化可以成为联想表现的手段，引发观者的联想感受。抽象图形表现形式自由、丰富多样，从手法上分，有人为抽象图形、偶发抽象图形、抽象肌理、计算机辅助设计几类（图4-15和图4-16）。

2. 传统图形和民间图形

文化是人类在历史实践过程中所积累的文明总和。每个国家在发展的历程中都会形成具有各自特色的传统文化，任何民族的设计活动都离不开其特定的社会文化体系，都不能脱离各自的民族精神。

随着商品经济的迅猛发展，也许有些人认为传统文化已经落伍了，企图摆脱传统文化的束缚。其实，包装设计的民族性与世界性是相辅相成的，只有体现本土特色的包装设计才能蕴涵深厚的文化根源。现代包装设计与传统文化并不是相互割裂的，而是相互渗透的。只有实现传统文化与现代包装的有机结合，在不断发展的时代中实现文化的传承，才能设计出具有本民族特征的现代包装。

图4-14 橄榄皂包装（澳大利亚）

图 4-15　咖啡包装　　　　　图 4-16　安贝狗粮包装　李宇
Oscar Guerrero Canizarres
　　（哥伦比亚）

三、图形的设计原则

作为一种实用型的图形语言，包装图形不能像绘画艺术那样一味追求个人表现，应兼顾商品、品牌、消费者三者之间的关系。

1. 信息传达的准确性原则

包装图形必须准确而真实地传达出商品的信息。图形并非是对商品的简单描述，应把握住商品最为本质或突出的特点，只有凸显商品最为显著的特征，才能使图形精准地传达出商品的信息。很多商品包装的图形设计往往存在诉求点过多的情况，总想面面俱到，然而这种一味做加法的设计会丧失包装视觉信息重点，不利于消费者对信息的接受。在包装图形的设计中，选择一个主要诉求点就足够了。

2. 图形语言的新颖性原则

好奇是人的天性，虽然强度因人而异，但普遍存在。随着生产力的提高，物质供应极大丰富，消费者更加倾向追求新颖的、与众不同的刺激。吸引消费者注意的一个重要原则是刺激消费者的视觉感官。包装图形的设计要追求图形语言的独创性，尝试用尽可能多的方式去表现，而且在追求包装图形的新奇性的同时，也要考虑受众的认知能力，应在不影响信息传达的前提下寻求突破（图 4-19）。

3. 图形语言的适用性原则

使用图形语言时，不仅要考虑商品与品牌等因素，还要站在消费者的角度考虑受众的背景因素。这个背景因素不仅是指消费群体的民族差异，还包括消费群体的性别、年龄、消费能力、文化水平、审美品位等方面的差异。例如，儿童商品的包装上应采用较为轻松活泼的图形，在以年轻人为目标群体的商品包装上应采用较为个性、新潮的包装图形，而在面向中老年人为主的商品包装上则应采用含蓄稳重或较有文化意味的图形。在文化差异方面，中国人喜爱用红色体现喜庆、吉祥，而有

在传统图形与现代包装的结合上，日本可谓独树一帜，既保持着浓郁的东方风情和日本民族的传统特色，又融合了现代审美观念，赋予传统图形新的活力。中国的传统图形种类繁多、千姿百态，最为突出的特点是有许多图形将美好的形象与人们的愿望相结合，表达了吉祥愿望和乐观精神。若这些寓意美好的图形在包装上进行重组、出新，则定会深受消费者的喜爱（图 4-17）。

二、利用图形信息传达品牌形象

随着生活水平的提高，人们对商品品质的要求也相对提高，因此必须根据不同用途、品质、档次和适用对象进行系列化和配套化的包装设计，尤其是药品、化妆品、酒类等，在设计中必须充分表达人们在功能上的需求心理，从而体现细化的特色。

如今，许多企业标识都使用具有可读性的字体，如NIKE、SONY 等。为了加强标识的视觉表现力，让消费者更好地认知与记忆，设计者常常使用一定的辅助图形与标志进行组合（图 4-18）。

图 4-17　普洱茶包装　于宝玉　　　　　　图 4-18　浪琴注册商标

图 4-19　茶包装　Charles Bloom（美国）

些西方国家则认为红色代表警示与血腥；中国人用来表现高洁、孤傲的荷花图案对日本人来说却是比较忌讳的；意大利人忌讳兰花；法国人忌讳核桃。这些较典型的民族文化差异在包装图形设计中应格外注意。

任务三　色彩传达

在包装设计中，对包装效果影响最大的当属色彩。色彩传达元素作为一种设计语言，在包装设计领域中最具有视觉冲击力，是商品包装的重要元素之一。色彩在包装设计中的运用没有一成不变的法则，但设计者若能系统掌握色彩基本理论，重视研究色彩的市场运用规律，则能使包装设计更符合受众的认知和要求。

一、色彩的调配

色彩在商品促销中最容易引起消费者的瞩目。一般情况下，消费者在还未来得及仔细看商品具体内容时，首先获得的第一感官印象就是包装的整体色彩。任何一种色彩都可以同其他色彩进行调和，无限可能性的混合色构成了色彩界的丰富变化。但包装设计中的配色则主要应从商品本身的特征和包装的功能目的性出发，运用色彩审美规律传达出商品的性格特征和美感特征。色彩的调配是有一定的规律可循的，不同的色彩效果基本上都是由色彩的色相、明度、纯度三个要素决定的。

1. 以色相为主进行配色

色相是色彩的相貌名称和主体特征，以色相为主进行配色通常是以色相环为依据而进行，按照色彩之间在色相环上所处的位置关系可以分成近似色、同类色、对比色和互补色等关系类型。在色相环上，两种颜色之间所成的角度越小，色彩的共性就越大，调和性越强；反之，角度越大，色彩的差异性越强。当角度最大时（180°），颜色之间就呈现为补色关系。近似色的色彩差别小，对比弱，整体色调感很强。同类色虽然色彩之间有较明显的差别，但又具有明确的共同因素，构成的画面明快活泼而又柔和统一。对比色则在色相上有较大的差别，反差强烈，在视觉上有鲜明、热烈、华丽的特征，若处理不当，则很容易产生不协调感。补色是在色相环上通过直径相对的色彩，在印象派绘画中，补色关系常被用来表现强烈的日光感，在视觉上有炫目、强烈、刺激的效果。以色相为主进行配色要根据设计的对象和内容进行有条件的搭配，并结合明度、纯度的变化来进行设计，做到形式和谐并与内容一致（图 4-20 和图 4-21）。

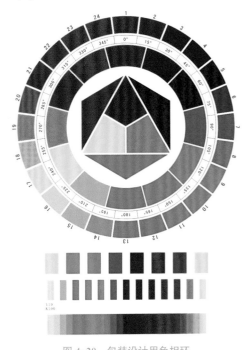

图 4-20　包装设计用色相环

图 4-21　以色相为主进行配色的包装设计

对于各种纯色来说，其本身就存在着明度上的差别，如黄色明度最高，蓝色、紫色等明度相对较暗，明度高的纯色在相当多的白色配合下才能显出高明度的特征，因此在设计中把握色彩的色调时，应根据不同的色相特点灵活掌握其搭配组合（图 4-22）。

2. 以纯度为主进行配色

纯度是指色彩中纯色成分的多少，即饱和度、鲜艳度，也可以将纯色与同灰色按等比例混合分为九个纯度等级，1 级为灰，9 级为最高纯度。纯度也可以分为三个基调，1 ~ 3 级为低纯度基调，有混浊、茫然、软弱的感觉；4 ~ 6 级为中纯度基调，有温和、成熟、沉着的感觉；7 ~ 9 级为高纯度基调，有强烈、艳丽、活跃的感觉。

纯度的对比也取决于级别差异的大小，弱对比具有模糊、朦胧、整体的视觉效果；中对比具有清晰、稳定、明确的视觉效果；强对比则具有纯度差、强烈、坚定的视觉效果。在实际色彩应用中，纯度高的色彩间搭配，强烈的色彩张力容易使人感到视觉紧张。但与不同纯度的色调搭配调和，则能产生调和性和节奏感，会有含蓄、细腻、稳重的视觉效果，而且

这种对比也有利于包装设计中品牌主题的突出和醒目（图 4-23）。

3. 配色的调和

在色彩的配色设计中，对比是一种常用的手段，通过对比可强调色彩个性，使主体突出，但同时，一味地强调对比也会使色彩间失去协调感。在配色中，如果有效地利用色相、明度、纯度三个要素，使其中一项或两项在效果上接近，就可以得到调和的效果。这就是所谓的"求取色彩间的共性特征"。另外，也可以通过在对比双方中间加入过渡色以取得调和，如在黑与白中间加入灰调、在冷色与暖色间安排中性色调，以此来弱化尖锐的对比矛盾，使之趋向柔和。这实际上也是消费者视觉心理特征的需要（图 4-24）。

二、色彩要素的情感传达

色彩具有的审美特征还体现在色彩情感表现上。在包装设计中，充分发挥色彩情感的暗示作用，通常能起到事半功倍的效果。

1. 利用色彩的冷暖感表现不同商品的特性

色彩具有一定的温度感，红、橙、黄易产生温暖感，使人在心理上有扩大、上升、舒展等感觉，蓝、蓝绿、紫易产生冷感，使人在心理上有收缩、宁静、安定的感觉。如矿泉水的标签设计，用冷色系的蓝绿色更切合水的质感和自然的联想，有助于营造出清凉和纯净的感受，如图 4-25 所示。又如 Boss 牌香水包装，采用较强暗示力的色彩——褐色代表男士，粉色代表女士，让人自然接受认同此种暗示，在视觉上一目了然，如图 4-26 和图 4-27 所示。

图 4-22　以明度为主进行配色的
　　　　　包装设计

图 4-23　以纯度为主进行配色的包装设计

图 4-24　包装设计中配色的调和

图 4-25 利用色彩的冷暖感表现不同商品 的特性　　图 4-26 Boss 牌男士香水包装　　图 4-27 Boss 牌女士香水包装

2. 利用色彩的明快感使人产生愉悦感

当人们面对一件色调明快的包装设计时，会觉得清新愉快并由衷地喜欢，若色调沉闷，色彩不当，则会令人感到无趣甚至生厌。色彩的明度对比是决定配色的光感、明快感、清晰感的关键。一般而言，高调愉快、活泼；低调朴素、淳厚。明度对比强则光感强，形象透彻度高；明度对比弱则光感弱，形象模糊晦暗，但也会有另一种神秘吸引力（图 4-28）。

图 4-28 利用色彩的明快感使人产生愉悦感

3. 利用色彩的兴奋感刺激消费者的感官

色彩能使人产生兴奋或沉静的心理感受，而且带有一定的普遍性。红、橙、黄等暖色以及明度、纯度高，对比强烈的色彩给人以兴奋感；蓝、蓝绿等冷色以及明度、纯度低或具有弱对比的色彩给人以沉静感；灰色有沉静、含蓄的感觉；黑色有深沉、庄重、坚硬的感觉。包装设计中使用兴奋感强的色彩，可刺激消费者的感官，引起其高度注意和兴趣，从而留下深刻印象（图 4-29）。

4. 利用色彩的味觉感增强食品包装设计的表现力

人们平时食用的食品本身都有色彩，各种食品色彩长期作用于人的视觉，使人产生味觉的联想。如甜味多用粉红、柠檬黄、橙黄等表现；酸味用带浅调的黄绿调和色表现；苦味常用灰褐色、橄榄绿、紫色表现；辣味多用鲜红等表现，如图 4-30 所示。

图 4-29 利用色彩的兴奋感刺激消费者的感官

色彩感觉虽有规律可循，但重要的是要灵活运用。色彩不是孤立存在的，一种色彩感觉的形成是同周围色彩的影响相关联的。如色彩的冷暖感觉就是相对的，将绿色同黄色放置在一起，绿色显得冷，但将绿色同蓝色放置在一起时，绿色又显得暖了起来，所以，应用色彩规律不要生搬硬套，只有根据不同情况变通，才能更好地服务于包装主题内容。

图 4-30 利用色彩的味觉感增强食品包装设计的表现力

三、色彩传达要素设计应用的原则

1. 合理安排图色与底色

在设计中，画面上有的颜色是以主体图形的形态出现的，有的则是以底色或背景色的状态出现的。鲜艳的颜色要比暗色更具有图形效果，规整的色彩形状和小面积颜色要比大面积颜色更具有图形效果，因此在运用色彩进行包装设计时，一般将纯度、明度、色度高的色彩用于品牌文字、图形形象等主题表现要素中。这样可以有效地突出设计主题和品牌形象（图4-31）。

2. 整体统一、局部活跃

包装给消费者的最初视觉感受取决于整体色调，其中面积最大的颜色决定了整体色彩的特征。以此为基调，依照调和的配色方法，就可以得到活跃的色调效果，但活跃的色彩往往被安排用于品牌和主体形象等重要位置，使它们在与整体色调统一的基础上得到突出（图4-32）。

3. 依据商品的属性设计色彩

包装色彩与商品属性自然形成了一种内在的联系，每一类别的商品在消费者的印象中都有着根深蒂固的"概念色""形象色"和"惯用色"，人们有凭借包装色彩对商品性质进行判断的视觉习惯，如橙色使人联想到水果，绿色使人联想到蔬菜，深褐色被用于咖啡的包装设计，甚至被人称为"咖啡色"。颜色成了人们判断商品性质的一个信号，因而对包装设计有着重要的影响。

4. 依据企业形象和营销策略设计色彩

包装设计中色彩设计还应配合具体的包装策略。例如，许多产品种类较多的大型企业为了提升产品识别度，突出企业形象，往往在产品包装设计中延续了企业形象色，以使不同种类的产品包装具有共同的企业识别性。这也成为包装品牌化的一个现实表现。

5. 依据市场地域特征设计色彩

由于民族风俗习惯和个人喜好的原因，因此不同的消费群体对色彩也有着不同的理解。在美国，红色代表愤怒；瑞典人和埃及人不喜欢蓝色；英国人不喜欢黄色；在拉美国家，人们把紫色同死亡联系在一起。在我国，维吾尔族忌用黄色；蒙古族喜爱鲜艳的色彩，不喜爱黑色；满族等少数民族忌用白色等。由于各国及各民族存在的特殊禁忌，因此设计师在设计时不可随心所欲，而应避其所忌，符合当地人的色彩审美习惯。

任务四　版式传达

包装设计中的视觉传达要素是由文字、图形、色彩等组成的，每一项传达要素都具有自身的独立表现和形式规律。包装版式的设计目的就是将这些不同的形式传达要素纳入整体秩序中，形成和谐统一的秩序感。这样才能有效地表现包装整体的个性形象。

一、版式传达要素设计的基本原则

1. 形式表现的统一性

在版式设计中要强调的是文字、色彩、图形、肌理各要素之间的统一和谐关系。这种关系就体现在其内部的编排结构关系与秩序中。就像一场交响乐的演出，不同种类的乐器在统一指挥下共同表现着和谐的主题，任何一部分的不和谐音都会破坏整体艺术感，所以，不论以品牌形象为主进行形式表现，还是以色彩策划为主塑造包装性格，都应针对消费者的审美喜好和商品主题，运用合理的内在秩序使各要素相互配合（图4-33）。

图4-31　合理安排图色与底色　　　　　　　图4-32　整体统一、局部活跃的用色

2. 结合商品创造个性

包装设计的风格应取决于商品的性格特征，古朴与时尚、柔和与强烈、奔放与典雅都是商品的性格特征。这些特征应该在包装设计中得以传达，即包装设计的艺术表现应建立在商品内容特征的基础上，以体现出目的性与功能性。图4-34所示是伯兰爵香槟工匠为庆祝007系列电影《大破量子危机》的到来，邀请法国设计师Eric Berthes亲手设计的子弹造型的珍藏香槟。该设计很好地结合了商品的特性，使包装设计既具有实用性，又拥有与众不同的气质。在商品的主要展示面上，能展示的商品信息是有限的，设计师需要充分了解商品的特性，将信息高度概括，以最佳的编排形式展示商品信息，突出品牌主题。

3. 弃繁就简，体现时代感

个性化时代的包装策略已由过去美化商品的目的演变为彰显个性，顺应时代的发展潮流也是包装设计成功的关键因素之一，而简洁的表现语言能够有效地凸显设计的个性，给人以强烈的视觉印象，而过分的修饰则会给人以过时的古旧感（图4-35）。

图 4-33 形式表现的统一性

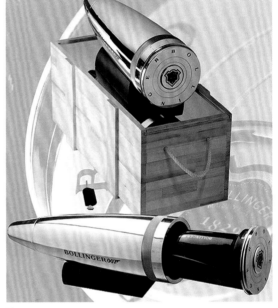

图 4-34 伯兰爵 007 香槟

图 4-35 水彩简洁风格的巧克力包装设计

二、版式传达要素设计的表现方式

1. 对称

在版式传达要素的设计中，强调中心对称是一种高格调的表现。把一点作为起点，左右以同一形状展开的状态就是左右对称的形式，在视觉中有稳重、大方、高雅之感，但过于对称则有时略显呆板，应注意文字和色彩的个性变化以及局部细节的调配（图4-36）。对称是常见的编排手法，经常用在典雅庄重的包装设计中，一般以中心线为轴，对称展开；有时候也可以有细微变化，但是不会影响整体的对称效果。

2. 对比

对比是造型要素中一种很重要的表现手法，决定着形象力的强弱和画面的均衡关系。在版式设计中，大与小的对比关系是一种主要的对比关系。此外，还应在质地对比、色彩对比、位置对比、动态对比等方面予以配合，这样更能加强对比效果（图4-37）。对比在儿童用品、食品包装中使用较多。运用对比方法的时候要注意各元素之间的协调、统一，做到既变化又统一。

3. 均衡

均衡是人们的基本心理和生理需求的表现。在版式设计中要注意各要素之间、主要形象与次要形象之间的平衡关系，以取得视觉上的稳定感（图4-38）。

4. 分割

分割是一种明确地对画面进行空间、位置、形状安排的构成方法，可以使画面呈现出明显的秩序感。分割设计应注意各个局部与整体之间和谐统一的关系（图4-39）。

5. 四边框

自由造型一旦被纳入围框，就会产生一种稳定感和归属感。使用边框视觉效果有典雅稳重之感，但应注意边框的风格与变化，以免造成刻板的效果（图4-40）。

图4-36 版式的对称表现方式

图4-37 版式的对比表现方式

图4-38 版式的均衡表现方式

图4-39 版式的分割表现方式

图 4-40　版式的四边框表现方式

6. 重复

重复是利用图案设计中的连续表现手法，使同一视觉要素或单元反复排列。其效果统一，视觉强烈，秩序感强。在重复设计时，可以利用多种重复发展方式，以增强视觉特征和丰富感（图 4-41）。

7. 穿插

穿插是使文字、图形以及色块等要素相互穿插、交织、结合的一种表现方式。它通常能有效地突出主题，在视觉上变化丰富，但应注意主次关系以及相互协调，以免形成杂乱之感（图 4-42 和图 4-43）。

8. 突出焦点

突出焦点表现方式通常是将品牌的主题形象安排于画面的视觉中心点，周围则留以大面积空白，以使品牌得到强化突出。它具有醒目、简洁、高雅的视觉风格（图 4-44）。

9. 疏密聚散

疏密聚散是通过造型要素在空间中的聚合与分散以及位置的变化而产生节奏韵律感，轻松自由，变化的余地较大。版式上的自由是相对的，同时，也应该遵循相应的内在规律，如与均衡感、韵律感的结合（图 4-45）。

图 4-41　版式的重复表现方式

图 4-42　版式的穿插表现方式（一）

图 4-43　版式的穿插
表现方式（二）

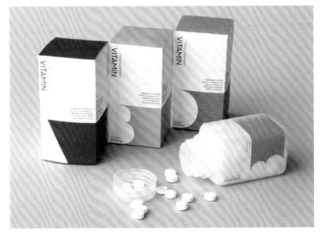

图 4-44　版式的突出焦点表现方式

10. 肌理杂音

"杂音"是利用材料肌理特征、图形或文字本身造型手法上的肌理处理产生视觉的杂音效果。在设计中要注意,有时视觉的杂音容易影响可读性,但是运用得恰当就可以营造出独特的视觉个性。

在包装设计中,有时肌理可以比具象图形包含更多的意义,表达更丰富、更含蓄的内涵,如高贵、秀丽、温和、朴素等。如图4-46所示,以纤维的材质代替日常所见纸制的记录本,纤维材质与皮质相结合的外包装给人以温暖亲和的感觉,以肌理特征成功营造了独特的视觉效果。

图4-45 版式的疏密聚散表现方式

图4-46 材料肌理的表现

思/考/与/实/训

1. 在包装设计中,字体设计有哪些原则?
2. 儿童商品包装设计应如何充分利用色彩的视觉心理?
3. 针对市面上某品牌化妆品包装设计,分析其色彩传达方式及特点。
4. 针对市面上某品牌茶叶包装设计,分析其版式设计特点。
5. 进行商品包装平面视觉设计练习。

系列化包装设计

学习目标

　　了解系列化包装设计的产生；掌握系列化包装设计的实施策略及系列化包装思维的创意策略；了解系列化包装设计的发展方向。

任务一　系列化包装设计的产生

　　目前，在我国的包装设计领域，单体包装形式对于某些企业来说还占据着一定的比重，它最大的特点是信息的单向流动，即从发送者到接收者的单向流动。由于产品及产品包装的单一，在市场上缺乏竞争与比较，使消费者对产品没有更大、更自由的选择权，迫使消费者毫无选择的被迫接受；而系列化包装则是双向交流的方式，使生产者与消费者之间有了更好的互动，可选择的多样性特征为消费者提供了更大的选择空间，满足了不同消费者的需求。

　　首先，在消费者的视觉感受方面，单体包装没有统一的视觉效果。设计杂乱而分散，产品相互之间没有联系，缺乏整体性，大大削弱了消费者对品牌、企业形象的认识。其次，在产品自身宣传方面，单体包装没有良好的广告宣传与展示效果。系列化包装常通过统一的商标、造型等手法，不断重复视觉形象，呈现出强烈的信息传达力，有利于与其他产品的竞争，加强消费者的识别和记忆。如果消费者对系列化产品中的某一种认可或满意，那么也会对该系列中的其他产品产生信任感，这样能节省广告成本，也会扩大产品的销量。最后，企业在研发新产品时，单体包装较系列化包装将增大投入成本。比如，在增加新产品实施包装的问题上，系列化包装的产品可以大大缩短设计的周期，节省设计与印刷等费用，而单体包装在这些问题上会增大投入成本。

　　系列化包装不仅仅是用一种统一的形式、统一的色调、统一的形象来规范那些造型各异、用途不一又相互关联的产品，而且还是企业经营理念的视觉延伸，使商品的信息价值有了前所未有的传播力（图5-1）。

图 5-1　系列化包装

任务二 视觉传达的系列化包装设计形式

包装设计视觉传达部分的设计表现要素有很多，如商标、文字、图案、商品形象、说明、条码等。设计人员要将这些要素在特定的空间中有机组合，构成一个完美的、无懈可击的整体，并要将所表现的内容有主有次、有轻有重、有浓有淡、有疏有密地组合在画面中，形成一定的骨架结构，体现一种韵律感，我们称之为包装的"编排"（图5-2）。它对包装的重要性就如构图对绘画一样，严谨的结构、主次关系、韵律变化、完好的秩序是它们共同遵循的法则。在系列化包装设计中，所有的单个包装都要紧紧围绕一个特定的编排结构进行。没有结构，将杂乱无章，成不了系统。

统一编排结构下的一系列产品，即便五颜六色、高低错落，也依然可以保持其内在的连贯性。这种连贯性存在于单个包装与单个包装编排骨架的一致中，使包装与包装之间存在着如人类家族间血脉相连的"亲情"。

这种单件包装之间的"亲情"无疑强化了系列化包装的内聚力，使系列化产品的展示效果既严谨又活泼，既富有变化又具有整体感（图5-3和图5-4）。包装设计使用同一编排风格，是形成系列感的关键因素。

一、系列化包装设计的实施策略

提高商品的识别能力是系列化包装设计的主要目的。当企业的实力不断增强、产品种类不断向新领域渗透的时候，仅依靠单项产品的连续性陈列将显得非常被动，使展示效果单调乏味、缺少魅力，并且有可能造成自身产品在货架上的相互竞争。只有当包装采用家族化的策略进行设计时，才有可能在市场销售环境发生变化的今天获得识别上的主动。

1. 统一品牌名，树立品牌知名度

品牌名即是产品的姓氏，统一品牌名是产品包装系列化最基本的方法，把企业所经营的各种产品统一品牌名形成系列化，以争取市场、扩大销路。品牌是企业的信誉、品质、技术、服务等的综合体现。在企业形象与品牌整体战略推广中，应先了解品牌的属性与含义，对图形、文字、色彩进行有效的设计，形成自己独特的品牌形象。设计师应该明白，我们现在正处在一个商标激增的年代。

图5-2 "百年中国"纪念币包装

图5-3 日本包装设计师作品（一）

图5-4 日本包装设计师作品（二）

品牌通过系列化包装结构得以展示，传达出自身的品牌形象。产品包装必须具有独特性，无论是个体包装还是系列化包装，这一点都是很明确的。ALLEN品牌宣传高级副总裁说过："要一以贯之，创意要有一个集中的品牌形象和信息，但又不能因此而放弃所有新点子，这一行要求达到这样一种平衡：让新点子浮出水面的同时，又要不停地问自己：这样做对品牌有益吗？"品牌的推广就是要思考这方面的问题。设计师可以利用丰富的色彩、强烈的图形及巧妙的构思来传递信息（图5-5）。

2．统一装潢

尽管产品多种多样、造型结构各不相同，但可以在统一品牌名、统一商标的同时，应用统一装潢、统一构图形成系列化。如利用统一格调的画面、装饰和拼合画面等，形式有节奏感、韵律美的，多样统一的系列化包装效果。

3．统一造型

造型结构复杂时，形成系列化的办法是从基本形及其特征统一上去考虑的。如有的瓶装产品的瓶身不同，就可以在瓶盖上统一造型特征；有的瓶身大小高低不同，可以统一强调某些造型装饰特征。在造型结构及装潢都不能达到统一的情况下，可在装潢画面上标明不同品种，或以不同的色彩来区别不同品种，取得格调一致而形成系列化的包装（图5-6）。

4．统一文字字体

统一文字字体也是包装系列化的一个重要方面。在包装装潢设计中，字体排列起着很大的作用，单是字体统一就可达到系列化效果（图5-7和图5-8）。

5．统一色调

根据产品的不同类别和不同特征，可确定一种颜色作为系列化包装的主调颜色，使顾客单从颜色上就能直接辨认出是什么类别的产品（图5-9）。

6．使用对象统一的包装系列化

根据不同使用对象分成不同系列产品，以方便不同的消费者使用不同的商品。如儿童化妆品系列、女性化妆品系列、男性化妆品系列等，设计出有不同特点的系列包装。

7．成套的包装系列化

以同类品种的商品合成一组的形式，把各种同一使用目的的小件工具、用品、食品集装成盒、成袋、成包，形成系列化，既方便顾客，又有利于扩大销量（图5-10）。

二、系列化包装思维的创意策略

从广告学的角度来讲，创意是在进行广告策划时的一种思维活动，而商业创意设计又是进行产品广告、产

图5-5 可口可乐包装

图5-6 国外统一造型类包装

图5-7 国外食品包装（一）

图5-8 国外食品包装（二）

图5-9 国外化妆品系列化包装设计

图5-10 国外系列化包装

品营销的一种必需的表现形式。现代广告策划的不断科学化、程序化，使得包装设计创意不再像以前那样天马行空随意而为，而是成为一种更为理性、更为科学的创作步骤，是一种有规律可循、有策略可讲的活动。创意需要在思维上突破习惯印象和恒常心理定式，从点的思维转向发散性思维；要由表及里、由此及彼地展开思维，学会用水平思维、垂直思维、正向思维与逆反思维，以使思路更开阔、更敏捷，同时，把握住形象思维与逻辑思维的辩证规律，充分发挥想象力，使包装设计更加富有个性和独创性（图 5-11），其中常用的创意策略有以下几种：

（1）目标策略：系列化包装常常只针对一个品牌、一定范围内的消费者群，必须做到目标明确、针对性强。目标过多的包装广告往往会失败。

（2）传达策略：包装的文字和图形要避免含糊、过分抽象，否则不利于信息的传达。要讲究包装广告创意的有效传达。

（3）诉求策略：在有限的版面空间和时间中传播无限多的信息是不可能的，系列化包装设计主要诉求该企业统一的形象特征，产品的形象、品质、特征及产品的优越性等，把主要信息通过简洁、明确、感人的视觉形象表现出来，使其强化，以达到有效传达的目的。

（4）个性策略：赋予企业品牌个性的系列化，使品牌的系列化与众不同，以求在消费者的头脑中留下深刻的印象。

（5）品牌策略：把商品品牌的认知列入重要的位置，并强化商品的名称、品牌，对于瞬间即逝的视觉暂留，通过系列化产品包装的方式强化，适时出现、适当重复，以强化公众对其品牌的印象。

产品包装创新能为企业带来销量，然而企业在进行包装设计创新时，切不可心血来潮，而应该事先对市场与产品进行广泛的研究，对消费者进行深入的洞察。

创新包装不单是为了好看，而且还有拓宽渠道的功能。四川榨菜用大坛子、大篓子包装只能在当地酱菜店销售，而改为小坛子后就能卖到国内其他地区。以块、片、丝的形式把榨菜分成真空小袋包装后，就能够销往国外。包装材料的创新，保鲜功能、保质功能、运输方便性的改进，屡屡为商品开拓市场提供新的机会。

任务三　系列化包装设计的发展趋势

一、注重企业文化

包装文化在很大程度上代表着企业文化。随着市场竞争的日益激烈，越来越多的企业开始注重自身文化的沉淀和发展。产品包装不仅起着传递信息、引导

图 5-11　百事果汁饮料 fuelosophy 的花样包装

注：百事集团的饮料可以说是数不胜数的，其大部分包装都非常出色，图 5-11 是百事旗下产品果汁饮品 fuelosophy 的花样包装

消费行为与消费观念的作用，而且还能营造和满足有特殊要求的文化品位与追求。产品已经不再是仅具有使用价值的简单物品，而是承载着企业文化的特性、满足人类精神生活和心理需求的多层次含量的物质。系列化包装更多的是把产品的使用价值、审美价值、文化价值融为一体，以各种视觉符号进行组合、排列，系统地传达着企业经营理念，承载着企业文化的发展，在有利于引导消费的同时，更加系统、集中地营造企业的文化氛围，从而取得包装文化的认同。未来的包装市场中，系列化包装设计必将以企业文化为基石、重心进行创意。

二、善于创新

对于消费者而言，系列化包装不仅是企业的战略手段和精神文化内涵的表现，同时，它还是一种感知，是产品形象的视觉表达。系列化包装的功能，不像传统包装那样单纯，而是通过传情达意，说服受众产生共鸣。未来的系列化包装应该保持吸收传统包装精髓，兼具创

新意识，拓展包装的视觉传达范围和冲击力，从而有利于品牌的塑造与销售。

三、提高设计者的素质

系列化包装设计要求高素质、综合型的设计者来推动设计市场的变化。一个系列化包装设计是否优秀、是否有创意很大程度上取决于设计者本身的素质。优秀的包装设计者不仅要具有创造性思维、扎实的专业知识和敏锐的洞察力，同时，还要高瞻远瞩，具有对传统包装和未来发展的深刻认知。只有具备了这些基本素质，设计师才能对产品、市场和消费者、时代、环境等准确定位和把握，产生优秀的创意。

随着社会经济的发展，系列化包装设计必将顺应市场的发展，在内涵上更加注重承载企业文化，在设计中更加注重创新，更加注重设计者素质培养，在最终价值上更加注重体现消费者利益，因为只有如此，系列化包装设计才能在未来包装市场发挥更加深远的作用和积极的影响。

──────── 思/考/与/实/训 ────────

1. 系列化包装设计的实施策略有哪些？
2. 简述系列化包装设计的发展趋势。
3. 在单个产品设计的基础上结合一定的营销策略，考虑陈设效果，运用教学上提供的方法进行三个以上的系列化包装设计。

要求：在作业练习中，着重把握系列包装中色彩、造型、图案等的连续性和统一性。

PROJECT 6

包装印刷工艺概述

项目六

学习目标

了解印刷工艺的流程；熟悉制版稿制作的基本要求；了解印刷的种类与特点；熟悉印刷后期加工工艺。

任务一　印刷工艺流程

包装成型之前，需要经过一系列有序的印刷工艺流程。精美的包装离不开包装印刷。包装印刷是提高商品附加值、增强商品竞争力、开拓市场的重要手段和途径。设计者需要了解必要的包装印刷工艺知识，使包装设计作品兼具功能性和美观性。为提高印刷质量和生产效率，印刷前应注意查看设计稿有无多余内容，如检查文字和线条是否完整，检查套版线、色标及各种印刷和裁切用线是否完整等，只有这样才能提高生产效率，保证印刷的顺利进行。不同的包装材料需要使用不同的印刷工艺。纸品包装材料在实际生活中应用最广，其印刷工艺流程如图6-1所示。

一、设计图稿

包装设计中的设计图稿就是设计制作包装的平面展开图。在设计展开图之前，设计师应该设计出包装盒的结构并且制作出简单的手样。另外，设计师还要制作出效果图，让客户看得直接明了。如果后期制版过程是由其他人员完成的，那么效果图的制作就更加有必要。通过效果图可以检验包装的设计效果，及时发现包装尺寸和结构中存在的问题并予以纠正。

二、出片

出片就是把设计的电子文件通过照排系统的处理，转换成四色胶片的过程，四色是指青（C）、品红（M）、黄（Y）、黑（K）。如果设计中还有专色，那么在出片的时候还要出一张专色胶片，然后拿这些胶片上印刷机印刷。

图 6-1　纸品包装材料的印刷工艺流程

三、打样

打样就是利用输出的胶片在打印机上进行少量的印制，将印制的效果与设计原稿对比，如果有错误或偏差，那么可以及时地校对调整。目前，有一种数码打样机，可以不用试印，直接将设计图稿在打样机中打印出来。此打样机的打印效果接近印刷机的印刷效果，如果印出的样品存在偏差和错误，可以直接进行比对调整。打样机的特点是不用制版，直接印刷，节省时间、成本低廉，但不适用于过大的尺寸。打样机印刷的最大幅面是 310 mm×440 mm，可以在 A3 纸上实现满版印刷。

四、制版

制版是指将图片用电子分色机扫描分色，文字、线条用黑白相机拍照，冲出正确的网点，并将文字、图像等按照定稿上的指示拼版，然后进行晒版作业，接着印出彩色样送回设计者的手中进行校对的过程。

五、印刷

将修正好的四色片转晒成印刷用版，然后在印刷机上进行大批量印刷。

六、后期加工

印刷完成后，要根据设计原稿中的特殊工艺部分进行进一步加工，如烫金、压凹、UV、打孔、覆膜等。

任务二 制版稿制作基本要求

一、制作软件的要求

在平面设计领域，通常一个平面设计师需要掌握的软件有 Photoshop、Illustrator、CorelDRAW、Indesign 等，其中，Photoshop 主要用来处理由像素构成的数字图像，是位图软件，操作时要注意分辨率的设置。若分辨率过高，文件过大，则会影响计算机运行；若分辨率过低，文件小，则会影响图像的质量。一般来说，为了确保输出的效果，包装设计过程中一般把分辨率设置在 300 像素/英寸。此外，不能在制作完稿后再提高分辨率，否则会降低输出质量。

Illustrator、CorelDRAW 是矢量图软件，制作文件比较小，图像可以随意放大而不会影响图像效果，便于修改和保存。

二、色彩输出模式

用软件进行设计制作的时候，通常需把图像设置成与四色印刷相匹配的 CMYK 四色模式，如果是单色印刷品，那么输出单色片即可。

三、专色设置

采用四色套印的方式无法进行专色印刷，需要针对设计师和客户的要求对一种或几种颜色进行特殊油墨的调配或者从国际通用的专色色谱中指定色样和油墨，以一种或几种颜色为基准单独制版进行印刷。如金色、银色、五彩色等专色，只能通过相应的专色印刷才能实现。专色能够极大地美化印刷品，能够让印刷品的颜色绚丽夺目，使其有更多的机会被客户主动阅读，以提高印刷品的视觉传达有效性，提高商品的销量。

图 6-2 是一张名片的输出文件，其中的橙色采用的是平面软件中的系统专色：PANTONE 专色。

PANTONE DS 49-1 C

图 6-2 名片设计 邓炎佳臣

四、模切版制作

模切是利用钢刀，根据一定的设计要求，排成一定模框，通过模切机的加压，将印刷品压切成一定形状的工艺。对于现代包装，特别是纸容器包装的制作，模切压痕工艺是一种必不可少的工艺，也是实现包装现代化的一种重要手段。包装制作中通常对于非矩形的形状不能直接裁切，需要将钢刀排列成成品的形状进行裁切，而压痕则是利用钢线在印刷品上压切成一定的槽痕。纸包装的成型通常是通过折叠和粘贴等手段完成的。由于包装用纸具有一定的厚度，折叠时会使纸面产生巨大张力从而造成纸面断裂，因此要使用压线刀制作压痕，为折叠时纸面产生的张力形成缓冲区，使纸盒折叠时能够保持良好的弹性。模切版制作流程如图 6-3 所示。

五、出血的设置

在平面设计中，出血的设置很重要，对印前、印中、印后工序都有影响。出血一般放在页面的外面，也可以放在页面的里面，但出血后的尺寸不是成品尺寸。如大 16 开的成品尺寸是 210 mm×285 mm，应把页面设置成 210 mm×285 mm，然后在页面外边加 3 mm 出血。在矢量图软件中，出血可以利用特定的工具来进行精确设置，也可以根据辅助线来设置其范围。

印刷术语"出血位"又称"出穴位"，其作用主要是保证成品裁切时的效果，使色彩完全覆盖到要覆盖的地方。出血位的标准尺寸为 3 mm，即根据实际尺寸加 3 mm 的边。该边与成品尺寸内颜色一致时最为理想。出血位统一为 3 mm 有以下几个好处：

（1）制作出来的成品，不用设计师亲自去印刷厂告诉他们该如何裁切（当然最能反映实际形状的，是稿件中的裁切标记）。

（2）印刷厂在拼版印刷时，可最大限度利用纸张。

图 6-4 所示是一个蛋糕盒的输出文件，刀版线以外的红色区域，就是出血。

图 6-3　模切版制作流程

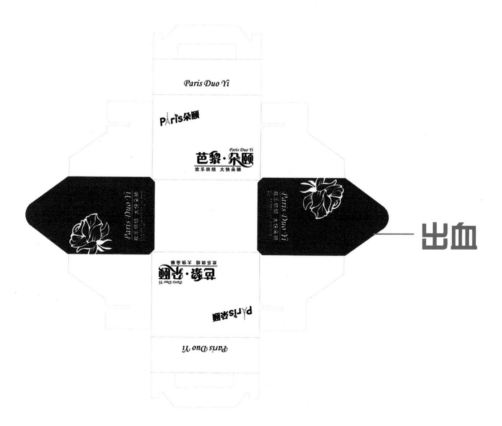

图 6-4　蛋糕盒输出文件　于宝玉

六、套准线设置

设计稿需要套印两套以上的颜色时，需要设置套准线。套准线通常安排在版面图形以外的四个角上，呈"十"字形或"丁"字形，目的是在印第二遍颜色的时候能够准确套印，位置不会出现偏差。套准线的设置非常重要，直接影响印刷的质量，如果套印不准确，则会出现"双眼皮"的现象。

七、条码的设计与印刷

商品条码是商品流通过程中的一个重要部分，必须具有准确的识读性，如果条码设计、印刷不合格，那么就会影响商品的流通和销售。在超市和商场，如果条码出现问题，则会导致商品信息不能录入计算机，使员工的工作效率下降，直接影响销量。条形码的制版与印刷非常重要，需要用专门的软件，且设计师必须遵循以下三个原则。

（1）应以符号位置相对统一、符号不易变形、便于扫描操作和识读为准则。

（2）条码符号的首选位置宜在商品包装背面的右侧下半区域内，其次可选择商品包装另一个适合的面的右侧下半区域，同时，应避开封箱胶（如果有的话）可能遮挡的位置；对于体积大的或较重的商品，条码符号不宜放置在商品包装的底面。

（3）条码符号与商品包装边缘的间距不应小于 8 mm 或大于 102 mm。各种形状的包装上条码符号的放置规定见《商品条码 条码符号放置指南》（GB/T 14257—2009），包装设计人员在设计条码符号位置时应遵照该标准。

任务三 印刷的种类与特点

印刷有多种类型，由于其工艺原理的不同，操作的方法和印刷的效果也不同，大体上可以分为凸版印刷、凹版印刷、平版印刷、丝网印刷（孔版印刷）、柔性版印刷、特种印刷六种。

一、凸版印刷

凸版印刷是一种最古老的印刷方法，曾是包装印刷的主要手段之一，但由于其印刷工艺易于污染环境、周期长等缺点已难以和其他印刷工艺相竞争。凸版印刷是使用具有凸起表面的凸版进行印刷的。印刷时，油墨涂在印版上图文部分高于非图文部分的表面，然后压印到纸张上，墨辊上的油墨只能转移到印版的图文部分，而非图文部分则没有油墨，从而完成印刷品的印刷（图6-5）。手排印刷、莱诺整行铸排机印刷、铅版印刷、电版印刷和照相凸版印刷都属于凸版印刷。如今，凸版印刷多用于画面的局部图文印刷以及图文压凹凸效果或纸张压纹理效果等。

凡是印刷品的纸背有轻微印痕凸起，线条或网点边缘部分整齐，并且印墨在中心部分显得浅淡的，则是凸版印刷品（图6-6）。比较典型的例子是图6-7所示的一款 Ferrari 手机包装，包装表面被凸版印刷成密集而深陷的黑色圆点，令人联想到汽车散热栅的图案，借此来表现产品工艺的精湛。

图 6-5 凸版印刷示意图

图 6-6 凸版印刷品

图 6-7 凸版印刷品（Ferrari 手机包装）

二、凹版印刷

凹版印刷是通过手工或机械雕刻，使印刷版形成一个凹下去的字或图像的一种印刷方法。凹版印刷与凸版印刷相反，印版的图文部分低于非图文部分，形成凹槽状。油墨只覆于凹槽内，印版表面没有油墨，将纸张覆在印版上部，印版和纸张通过加压，将油墨从印版凹下的部分传送到纸张上（图 6-8）。蚀刻、针刻和照相凹版都属于凹版印刷。凹版印刷的印制品具有墨层厚实、颜色鲜艳、印版耐印率高、印品质量稳定、印刷速度快等优点，故在现实中得到了广泛应用（图 6-9）。其缺点是整个制版过程比较复杂，而且制版成本较高，适合较大数量的印刷，不适合较少数量的印刷。

三、平版印刷

照相版印刷、影印石版印刷和胶版印刷都属于平版印刷。平版印刷有时也称为化学印刷，意思是说印刷图像与印刷版位于同一平面上。它是基于"油水不相混"的原理实现印刷的。此印刷类型早期是通过机械或手工把图像呈在石头或金属表面，然后对该表面进行化学处理使得图像部分浸墨，而其他空白部分则不浸墨。印刷时，只有浸墨的图像部分转移到纸张上，形成印迹（图 6-10）。

图 6-9 凹版印刷品

图 6-8 凹版印刷示意图

图 6-10 平版印刷品 设计：李芷叶 （指导教师：聂阳）

平版印刷的优点在于制版工作简便，成本低廉，套色装版准确，印刷版复制容易，印刷物柔和，可以承印大数量印刷品。其缺点是因印刷时受水胶的影响，色调再现力及鲜艳度都达不到预期的效果。因此若要达到预期的效果，则必须配合其他的印刷技术（如叠印或双面印刷），以加强色泽感。

四、丝网印刷

丝网印刷也称孔版印刷，是现代印刷的一种类型。其原理就是在刮板的作用下，丝网框中的丝印油墨从丝网的网孔（图文部分）中漏至承印物上，印版非图文部分的油墨由于丝网网孔被堵塞而不能漏至承印物上，从而完成印刷品的印刷。

凡是包装印刷品上墨层有立体感，并大多应用在瓶罐、曲面载体上的印刷，多属丝网印刷，如玻璃瓶上的标识、图案以及文字等。丝网印刷的优点是墨色浓厚，色调艳丽，可应用在任何材料、曲面或立体承印物上。它的表现力极强，深受设计者和商家的重视，但存在的问题是印刷速度慢，套合差，仅适用于小面积印刷品的印刷，不适合大面积的印刷。

丝网印刷可以取得较好的视觉效果和触觉效果，其印刷对象可以是纸张、纸板、木制品、塑料、纺织品、陶瓷制品、金属、毛皮和后几种材料的合成材料，它不但可以在平面物体上印刷，而且可以在圆形、凸形、凹形及不规则形状的物体上印刷（图6-11和图6-12）。传统丝网印刷是将丝织物、合成纤维织物或金属丝网绷在网框上，采用手工刻漆膜或光化学制版的方法制作丝网印版。现代丝网印刷技术已发展为自动化印刷，利用感光材料通过照相制版的方法制作丝网印版（使丝网印版上图文部分的丝网孔为通孔，而非图文部分的丝网孔被堵住，因此在承印物上只有图像部位有印迹）。印刷时通过刮板的挤压，使油墨通过图文部分的网孔转移到承印物上，形成与原稿一样的图文。换言之，丝网印刷实际上是利用油墨渗透过印版进行印刷的。

五、柔性版印刷

柔性版印刷是利用橡皮凸版和快干溶剂性油墨的一种轮转凸版印刷方法，是以凸版印刷为基础的印刷类型，属直接印刷方式。过去一度将柔性版印刷称为苯胺印刷，由于苯胺油墨有刺激性气味和有毒物质，现已改

用其他油墨。目前我国已制定国家标准把使用柔性版通过网纹传墨辊传递油墨施印的方法称为柔性版印刷。

柔性版印刷机的输墨机构比较简单，它一般是借助于刮墨装置，把油墨均匀地分布在网纹辊上，再由网纹辊把油墨传递到印版上，如图6-13所示。

图6-11　纸张丝网印刷品

图6-12　玻璃丝网印刷品

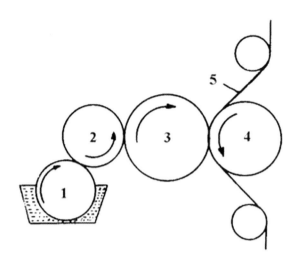

图 6-13　柔性版印刷示意图

1—墨斗辊；2—传墨辊；3—印版滚筒；4—压印滚筒；5—承印物

柔性版印刷具有以下特点：版材是柔性材料；印刷压力非常小，减少了版材和机械的损耗；使用滚体快干油墨；装版、垫版较铅版容易；能适应在某些用平印或凹印无法印刷的印刷材料上进行印刷，如表面粗糙、吸收性较强的材料，也能在一些不吸收的材料如蜡纸、玻璃纸、铝箔、塑料薄膜及其制品、玻璃及其制品、纸板及其制品上印刷；印刷速度比凸版轮转机快，常用卷筒纸印刷；印刷机的成本低、废品少，因此经济效益好。

柔性版印刷是包装印刷中的一种重要方法，用于商标、标签、折叠纸盒（烟盒、酒盒、化妆品盒、药盒、保健品盒等）、纸杯、商业表格等印刷品的印刷。如图6-14 所示的饮料包装就是采用柔性版印刷而成的，有效地解决了"热缩型标签"和容器轮廓结合的问题，使二者之间的贴合更紧密牢固，相对于传统轮转影印凹版印刷而言，这是印刷技术的一大进步。

图 6-14　shift 能量饮料包装

六、特种印刷

1. 立体印刷

立体印刷是利用覆盖光栅柱面板使图像影物具有立体感的印刷方法。在拍摄的立体透明片基上黏合塑料光栅柱面板，从背面射入光线可构成透视型直观式立体照片，把光栅柱面板的后面同纸张印刷品紧密黏牢，并使两种光栅线条精确重合在一起，使印刷图文通过具有折光作用的光栅柱面板，利用其折光角度的变化而造成视觉差异，就能得到立体效果。当人的眼睛通过柱面板观察图像时，必然有一图像进入左眼，另一图像进入右眼，如图 6-15 所示。通过视觉神经的综合，人们便看到了有立体感的图像。

立体印刷的工艺流程为：造型设计和选景物→立体照相→分色加网制版→印刷→光栅板贴合→成品。

立体印刷品具有图文清晰、层次丰富、立体感强、形象逼真的特点。目前，其在商品包装装潢上的应用范围在不断扩大，如文教用品、高级食品包装常采用立体印刷。在广告宣传品中，立体印刷品也占有一定比重。

2. 全息照相印刷

全息照相印刷是通过激光摄像形成的干涉条纹，使图像显现于特定承印物上的复制技术。它是一种用二维载体三维记录物体的方法。模压彩虹全息图片就是全息照相印刷的新型印刷品。全息图片的形成是通过全息照相得到的。全息照相是记录被照物体的反射光波强度和反射光波的位相，通过一束参考光束和一束被照物体上的反射光束，在感光胶片上叠加而产生干涉条纹实现的。

模压彩虹全息图片的制作工艺流程为：拍摄全息图片→制作全息图母版→母版表面金属化→电铸金属模板→压印→真空镀膜→镀保护膜。

全息照相印刷技术通常用于印刷包装上的防伪标志和特殊标签（图 6-16 和图 6-17）。

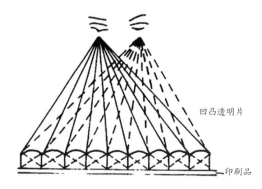

凹凸透明片

印刷品

图 6-15　俯视柱镜光栅板折光角度的变强

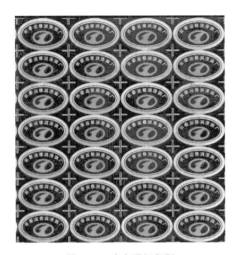

图 6-16　全息照相印刷

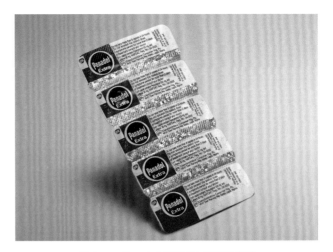

图 6-17　Panadol 印度强力镇痛药包装

3. 发泡印刷

发泡印刷是在承印材料上印刷特殊的微球发泡油墨，进入烘道加热后，油墨受热发泡凸起，冷却凝固成浮凸的文字或图案的一种印刷工艺。由于发泡油墨中的发泡剂不同，所使用的印刷工艺也不同，常用的有微球发泡与沟底发泡两种工艺。

发泡印刷有很大的实用价值，可用于盲文印刷。盲文是在纸上形成凸出的点组成文字，盲人用手摸凸出的点，依靠触感进行阅读。原来的盲文书刊是将特制的原纸放入模型中经过加压加热使厚纸形成凸起的圆点，只能单面压印。使用发泡印刷，盲文读物不仅可在纸上两面印刷，减少盲文书刊的厚度，还可印图案，且字点耐磨，质地柔软，长期摸读不伤手指（图 6-18）。

4. 香料印刷

香料印刷是指在印刷油墨中加入香料而进行的印刷，如在食品包装袋上印上与内装食品相同的香味。为了使印刷品上的香味能够持久地保存，需将香料封入微胶粒中，再将胶粒加入油墨中进行印刷，当胶粒被破坏时，香味渐渐地散发出去。微胶粒的直径为

图 6-18　发泡印刷品

$10 \sim 30 \mu m$，胶粒膜厚 $1 \mu m$ 左右，膜层能使香味久存，不散发在作业过程中。一般在印刷一年后，香味仍无变化。香料印刷的方式可以是孔版印刷、照相凹版印刷。

5. 喷墨印刷

喷墨印刷是一种无印版的印刷方法。它通过特殊的喷墨装置，在电子计算机控制下，由喷嘴中压电晶体发生电脉冲，将油墨挤出并向承印材料的表面喷射雾状墨滴，根据电荷效应在印刷品表面直接成像。喷墨印刷按印刷色彩分黑白喷墨印刷与彩色喷墨印刷两种。

喷墨印刷要求承印材料表面光洁；使用的是黏度适中的专用墨水，具有无毒、稳定、不堵塞喷嘴、保湿、喷射性良好、对喷头的金属构件不腐蚀等性能。

喷墨印刷具有无接触、无压力、无印版的特点，将计算机中存储的信息输入到喷墨印刷机即可印刷。喷墨印刷在图文复制中发挥着较大的作用，对包装装潢印刷将产生深远的影响。

6. 磁性印刷

磁性印刷是记录技术与印刷技术结合而产生的独特的记录媒体，是利用掺加氧化铁粉的磁性油墨进行印刷，其特点是数据能在磁性卡片上写入、读出，视觉上又能看到文字、图案和照片。

磁性印刷品是在纸张或塑料片基上敷以磁层，在其他部分印上文字或图案，以及用以显示与使用状况相应的视觉信息的印字层，经模切加工而成。磁性印刷品采用丝印或胶印方法。磁性印刷品在印刷后，应两面覆膜，用热压机压合，按规定尺寸进行模切。该方法广泛应用于金融、信贷、通信、办公、生产管理等行业。

任务四 印刷后期加工工艺

看似简单的包装，却大有学问，一张包装设计稿最终形成精美的包装实体物，印刷工艺十分讲究。

一、烫金工艺

烫金，又作"烫印"。烫金工艺表现方式是将需要烫印的图案或文字制成凸型版进行加热和加压，然后在被烫印材料表面放置所需颜色的铝箔纸，使电化铝箔转印到承印物表面。烫金纸材料分很多种，其中有金色、银色、镭射金、镭射银、红色、绿色等。它不仅适用于纸张，而且还可适用于纸板、织品、皮革、木材和塑料制品等。烫金工艺具有色彩鲜艳、图案清晰美观的特点（图6-19）。

二、覆膜工艺

覆膜工艺是印刷之后的一种表面加工工艺，是指用覆膜机在承印物的表面覆盖一层透明的塑料薄膜，形成纸塑结合的加工工艺。经过覆膜的印刷品具有表面平滑、光亮、耐污、防水、耐磨及耐腐蚀等性能。根据薄膜材料的不同，覆膜分光膜和亚膜两种。覆膜工艺是一种很受欢迎的印刷表面加工技术。图6-20所示的包装是由一层透明质感的树脂材料做底层，曼妙的红色图形即是被覆膜的结果，双重的透明度使得内部产品传递出亦真亦幻的神秘气息。

三、凹凸压印工艺

凹凸压印工艺是利用印刷机的较大压力，在印刷好的承印物表面或半成品上压出凹凸图案或文字的工艺方法。通过压力的作用，对承印物表面进行艺术加工，呈现出明显的、深浅各异的具有立体感效果的图文。

凹凸压印工艺多用于印刷品和纸容器的后加工上，也可用于金属和玻璃制品包装（图6-21～图6-23）。凹型和凸型两种模型是必要的，一般方法是把凸型放置在平台上固定，然后稍微加热，凹型由上至下压，则纸张便产生凹凸之形状。但很多情况是商标或图案外缘压印成立体凹凸形，必须在四边精密套准规线，否则其形态和印刷部分便不能完全吻合，最终造成印刷重影、错位等严重后果。

四、UV工艺

UV工艺是一项可靠性高的印刷工艺，其工艺是在印刷品表面均匀地涂一层紫外线固化亮光油。局部UV工艺可使其应用部分比周边印刷效果更显鲜艳、亮丽、立体感强。该工艺硬度高，耐腐蚀，不易出现划痕等，可以保护产品表面。但大多数情况下，其目的是使产品包装更加美观和富有个性（图6-24和图6-25）。

此外，还有仿金属蚀刻UV，又名磨砂或砂面印刷，是在具有金属镜面光泽的承印物（如金、银卡纸）上印上一层凹凸不平的半透明油墨以后，经过紫外光（UV）固化，产生类似光亮的金属表面经过蚀刻或磨砂的绒面及亚光效果，可使印刷品显得柔和而庄重、高雅而华贵。

图6-19　Sprüngli 瑞士巧克力包装

图6-20　Korres 希腊藏红花包装

图6-21　用于缎带包装的凹凸压印工艺（Steiff 德国玩具熊包装）

根据印刷材料的不同，印后加工选择的工艺及后续的整合工作也有所不同，除以上介绍的几种印刷工艺外，还有折光、模切压痕、水热转印、滴塑、冰花、刮银等印刷工艺。有时，将几种工艺结合起来会产生更精美绚丽的效果。如图6-26所示的包装，就是采用胶印、UV上光、UV磨砂工艺相结合印刷的实例。

图 6-22　用于纸容器的凹凸压印工艺　　　　　　　　　图 6-23　用于金属包装的凹凸压印工艺

图 6-24　用局部 UV 工艺印刷品牌字的　　　图 6-25　用局部 UV 工艺印刷　　　图 6-26　Liz Claiborne Curve 美国香料包装
　　　　　Penn Sports HEAD 网球包装　　　　图案的意大利 Ferrarelle 水包装

―――――――――――― 思/考/与/实/训 ――――――――――――

1. 简述印刷工艺流程。
2. 什么是专色？
3. 简述印刷的分类以及各种印刷方式的特点。
4. 结合实际，分析不同印刷技术与不同承印物相结合所产生的效果的区别。

包装设计实训

学习目标

掌握化妆品、食品、电子产品、礼品包装设计的特点和方法。

任务一 化妆品包装设计

化妆品是以保持人体清洁、保健和美容为目的的日用化学制品，其中女用化妆品的种类较多。随着人们消费水平的提高和消费能力的增强，化妆品的生产和销售得到了空前的发展，化妆品市场的竞争也越来越激烈。各化妆品商家为了提高自己产品的销量，在激烈的市场竞争中占据一席之地，更是费尽心思，尤其在化妆品的包装、宣传上下足了工夫。走进商场，引人注目的位置总是陈列着琳琅满目的化妆品，使人眼花缭乱，目不暇接。

一、化妆品包装的现状

目前中国高档化妆品市场大多为国际品牌所把持，中国本土品牌只能在中低档市场上挣扎。这固然有多方面原因，但中国化妆品在包装设计上的缺陷也是显而易见的。国际品牌大多在包装设计上形成了自己的传统，无论是造型还是色彩，都形成了一套完整的模式，而我国的产品设计随机性很大，缺乏连贯性。得体的包装不仅可以增强商品的视觉冲击力以吸引消费者，而且可以将该品牌的品位展现得淋漓尽致（图7-1），所以，包装作为产品的"外衣"，不仅要有保护产品的功能，而且还必须具备吸引购买、指导消费的作用。

二、化妆品包装走向

纵观化妆品包装的情况，结合化妆品及其包装的发展趋势，现代化妆品的包装在包装材料和容器的选择、包装容器的结构设计和包装容器的装潢设计等方面，主要有以下几个特点：

（1）塑料材料及复合材料在化妆品包装中的应用越来越广泛，塑料瓶的造型设计趋于多样化，玻璃瓶的使用受到限制（图7-2和图7-3）。

图 7-1 国外化妆品包装设计　图 7-2 国外塑料材料及复合材料化妆品包装设计（一）　图 7-3 国外塑料材料及复合材料化妆品包装设计（二）

（2）包装容器规格多样化，可以满足不同消费层次的需要（图 7-4 和图 7-5）。

（3）化妆品包装设计系列化，并且越来越适应个性化发展的需要（图 7-6）。

（4）部分化妆品采用喷雾包装等形式，以方便消费者使用（图 7-7）。

三、化妆品包装的适应性分类及其包装

随着化妆品市场的竞争越来越激烈，化妆品的功能和作用越来越细化，并且具有综合功能的化妆品越来越多，档次差异十分明显，包装形式也令人眼花缭乱，同

图 7-4 国外多样化的化妆品包装设计（一）　图 7-5 国外多样化的化妆品包装设计（二）

图 7-6 系列化化妆品包装设计

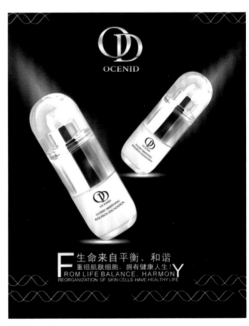

图 7-7 化妆品喷雾包装设计

时，各商家为了更好地宣传自己的产品，对化妆品进行了各自不同的、适合自身特点的分类与包装。化妆品的种类繁多、功能各异，但就其外部形态和包装的适应性来看，主要有以下几类：固体化妆品、固态颗粒状（粉状）化妆品、液体及乳液状化妆品、膏状化妆品等（图7-8）。

早些年，化妆品一般采用玻璃瓶罐进行包装，以保证其不变质、不挥发。由于包装容器材料的品种较单一，装潢设计和造型设计也很一般，因此即使有较好的设计构思，由于技术和材料的限制，也常常不能实现。

随着材料和包装技术的发展，塑料材料被广泛应用于化妆品的包装，如聚苯乙烯、聚丙烯、聚乙烯等。来源丰富且成型性能好的塑料材料，可以制造成各种结构和造型的瓶、罐、盒等塑料容器，并且能够进行各种装饰和装潢设计，更好地发挥包装的销售功能，因此，现代化妆品的包装形式多样、种类繁多、装潢精美。一般来讲，化妆品的包装形式主要有以下几类：

1. 固体化妆品的包装

固体化妆品的种类相对较少，主要有眉笔、唇线笔、粉条、粉饼以及各类唇膏、口红等。这类化妆品的包装较简单，眉笔一般做成与铅笔相似的形状，用木材包裹，使用时用刀削尖即可。粉饼常用塑料盒进行包装。唇膏、粉条和口红一般用圆柱状塑料小筒进行包装（配有筒状盖子），并且设计成可以通过旋转推动内装物的形式，以方便使用。唇膏等产品从外形上看是固体，但实际上是高黏度的流体，水分或液体成分含量较大，制作时也可以用塑料盒进行包装，并配有方便使用的刷子或海绵块，一般进行成套包装。

2. 固态颗粒状（粉状）化妆品的包装

粉底、爽身粉等颗粒状（粉状）产品，常采用的包装方式主要有纸盒、复合纸盒（多采用圆柱状盒型）、玻璃瓶（广口、小型）、金属盒、塑料盒、塑料瓶（广口、小型）、复合薄膜袋等。一般情况下，包装容器需要进行精美的包装印刷，而且在采用塑料和金属容器包装时，常常要用印刷精美的纸盒外包装与之配合。此外，化妆品胶囊则是一种更加新颖、方便的包装形式。

3. 液体、乳液状化妆品和膏状化妆品的包装

在所有化妆品中，液体、乳液状化妆品和膏状化妆品的种类和数量最多，包装形式十分多样，主要有：各种造型和规格的塑料瓶（一般要经过精美的印刷）、塑料的复合薄膜袋（常用于化妆品的经济袋或较低档的化妆品包装）、各种造型和规格的玻璃瓶（包括广口瓶和窄口瓶，一般用于较高档化妆品或易挥发、易渗透、含有机溶剂的化妆品包装，如指甲油、染发水、香水、爽肤水等的包装）。对于上述这些包装形式，有时还采用与彩印纸盒相匹配的方式，与彩印纸盒共同组成化妆品的销售包装，以提高化妆品的档次（图7-9和图7-10）。

4. 化妆品的喷雾包装

喷雾包装具有准确、有效、简便、卫生、按需定量取用等优点，常用于较高档化妆品和要求定向、定量取用的化妆品的包装，主要适用于发用摩丝、喷发胶等化妆品。常用的喷雾包装容器主要有金属喷雾罐、玻璃喷雾罐和塑料喷雾罐等（图7-11～图7-13）。

就以上包装形式分类而言，化妆品包装已经涵盖了纸盒、塑料、玻璃、金属包装，可以说是广而全，但是为了在激烈的市场竞争中赢得持续的胜利，广大化妆品厂商和专业包装厂商必须积极寻求进一步创新，不断研制新材料和新的加工技术，追求新的造型。新材料的应用也已成为化妆品行业推出新产品、完善现有产品的一种方式（图7-14）。

图7-8 各类化妆品包装设计

图7-9 BOV膏状化妆品包装设计

图7-10 SK-Ⅱ膏状化妆品包装设计

图 7-11 化妆品喷雾包装设计（一）

图 7-12 化妆品喷雾包装设计（二）

图 7-13 化妆品喷雾包装设计（三）

图 7-14 国外优秀化妆品包装设计

任务二 食品包装设计

随着社会生产和科学技术的发展，食品包装方法层出不穷、花样繁多。食品包装的主要目的是保护食品免受化学、物理和微生物因素的影响，保证食品的营养成分和固有的质量不变，从而保障消费者的身体健康。此外，包装的食品给运输、贮存、销售和使用提供许多方便条件的同时，也促进了销售。合理的食品包装可以延长食品的贮存期和货架寿命，在不同程度上减少食品的变质倾向，从而降低食品的损耗。食品的品种繁多、特性各异，不同的食品其腐败机理各不相同，因此具有不同的包装要求（图 7-15）。

一、食品包装的必要性

目前，世界上所有国家用来包装食品和药物的材料绝大多数是塑料制品。但让人们担心的是，在一定的介质环境和温度条件下，塑料中的聚合物单体和一些添加剂会溶出，并且极少量地转移到食品和药物中，从而引起人急性或慢性中毒，严重的甚至会致畸致癌，同时，世界上每年消耗的塑料制品很多，人们使用完后随手丢弃，由于塑料很难腐烂，这也让环保业伤透了脑筋。日本在这方面取得了较大成效，许多经营食品的商人们已逐渐舍弃塑料包装。

目前，市场上的食品包装从环保的角度分有可回收包装和不可回收包装；从包装的材料上分有纸包装、塑料包装、金属包装和玻璃包装等（图 7-16）。现在塑料包装市场占有率很大，但其生产还只是注重对食品的安全卫生，很少考虑环境问题，而且造成的污染也是人们有目共睹的。

图 7-15 日本食品包装设计

图 7-16 国外食品包装设计（一）

1.光线对食品的影响

光线对食品营养成分的影响是很大的，会加速食品中营养成分的分解，造成食品的腐变反应。

2.温度对食品的影响

温度对食品中微生物的增殖有较大影响，对食品腐变反应速度的影响相当明显，加上湿度和氧气等条件的影响，食品更加容易腐变。

3.氧气对食品的影响

空气中的氧气对食品中的营养成分是有相当破坏作用的，如空气中的氧气容易造成食品中油的氧化腐败和蛋白质的变质，同时，破坏食品中的某些维生素，所以，许多食品要求尽量减少与氧气接触，或者防止氧气透过包装连续地与食品接触。

4.湿度和水分对食品的影响

食品吸收水分以后，不但会改变和丧失它的固有性质，甚至容易导致食品发生氧化反应，加速食品的腐败。

5.微生物对食品的影响

微生物对食品的影响是不言而喻的，食品包装的目的之一就是防止食品受外界微生物的污染，从而延长食品的保质期，保证其使用价值。

综合以上关于光线、温度、氧气、湿度、微生物这些外界因素对各类食品的有害影响，必须采取科学的、有效的方法予以排除，这样才能够保证食品在流通过程中质量的稳定性，有效地延长食品的贮存期，把新鲜可口的食品送到消费者手里，保证其身体健康。

二、食品包装设计的基本要素

1.标志、文字设计

文字在包装画面中所占的比重较大，是向消费者传达产品信息最主要的途径和手段，因此包装设计中的文字应避免繁杂零乱，使人易认、易懂。不同类型的产品要求不一样的设计风格，儿童产品字体要求活泼、生动，可以运用卡通形象与产品名称或标志组合；老年人产品和有历史特色的产品可以用毛笔字体。产品名称是整个包装中最重要的元素，必须给人以清晰的视觉印象（图7-17）。

文字的形状变化可以产生不同的视觉效果，从而使人们对产品有一个初步印象。如果产品名称的文字向一个方向倾斜，那么就会给人以充满动感和力量的感觉；如果将文字中某一偏旁部首变形或夸张，或与产品的某一元素组合，那么就能使人们觉得包装整体画面活泼生动。

总之，产品包装的文字设计要与包装画面达到协调、一致，才能使产品包装整体化、形象化。

2.图形、图案设计

食品可通过包装的画面设计展示其特点及本质。现代食品包装中大多是在画面中直接展示产品，通过一些艺术手法使产品看起来可口、诱人。有些产品，如饮料、酱料等，无法直接展示，则通过体现原料或与此产品可搭配的食物的形象来表现。如奶油，画面中出现的是面包和奶油的共同形象。点、线、面的运用在食品包装设计中是必不可少的，起到了协调画面、形成完整画面的作用。图形、图案的运用要求达到视觉平衡，符合人们的视觉习惯。整体画面要有一个视觉重点，使消费者在远距离时就能首先看到这一要素，然后在其吸引下看到这个包装的其他部分（图7-18和图7-19）。

3.色彩的运用

色彩在食品包装设计中有着举足轻重的地位，每一种颜色都有着自身的含义，都能够唤起人们的情感，引起人们心理上的共鸣（图7-20）。色彩在食品包装中有着相对固定的应用规则，如表现草莓口味，用玫瑰红色系；表

图7-17 国外食品包装设计（二）

图7-18 国外食品包装设计（三）

现巧克力口味，用褐色系等。如果不遵循这些规则，那么就很难得到人们心理上的认可和共鸣，从而影响产品的整体推广。有些产品有固定的销售时间，如春节礼品，色彩要喜庆、热烈，主要以红色系为主，配以其他鲜亮的颜色来达到促销目的。色彩的搭配具有使画面生动、协调、统一的作用。其中，运用得最多的是互补色搭配和同色系搭配。协调的颜色搭配能够有效地提升产品价值。

有些食品专门针对某一范围内的消费群，在包装的表现上需要突出显示（图 7-21 和图 7-22）。

中老年食品的包装形式比较传统，会采用深沉稳重的颜色；儿童食品则要求包装活泼可爱、色彩鲜艳，并经常有一些附加物（如可以充当玩具或收集）。另外，针对某一区域的产品，可以在包装上表现出地方特色（图 7-23）。

图 7-19　国外食品包装设计（四）

图 7-20　国外饮品包装设计

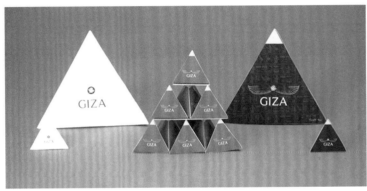

图 7-21　GIZA 全新个性创意包装设计（一）

图 7-22　GIZA 全新个性创意包装设计（二）

图 7-23　国外个性化食品包装设计

三、国际市场对食品包装的要求

当今国际市场上商品竞争的诸多因素中，商品质量、价格、包装设计是三个主要因素。国外一位研究市场销售的专家曾说："通往市场的道路中，包装设计是重要的一条。包装对整体形象的促进作用并不亚于广告。"国际市场对商品的包装总体要求是：一要符合标准，二要能招揽消费者。其具体要求包括以下几个方面：

（1）名称易记。包装上的商品名称要易懂、易念、易记。

（2）外形醒目。要使消费者通过包装外表就能对产品的特征了如指掌。

（3）印刷简明。包装印刷要力求简明。那些在超级市场上出售的商品，因为是由消费者自己从货架上挑选的，它们的包装尤其要吸引人，让消费者从货架旁边走过时能留意到它，想把它从货架上拿下来看看。

（4）体现信誉。包装要充分体现企业的信誉，要能使消费者信赖产品。

（5）颜色悦目。一般来说，欧洲人不喜欢红色和黄色，在超市中销售的高档商品，多采用欧洲流行色，即淡雅或接近白色的颜色。

（6）有地区标志。包装上应有产品的地区标志或图案，使消费者容易识别。

（7）有环保意识。国际上现在普遍重视环境保护工作，有许多关于包装材料的新的具体规定，总的趋势是用纸和玻璃替代塑料、塑胶等材料。

任务三　电子产品包装设计

如今国外电子企业纷纷到我国投资，生产出了很多世界知名品牌的产品。这些电子产品在包装上有极强的品牌效应，主要表现在：包装结构设计非常讲究，独特的公司标志和标准色能够简洁、明快地树立其品牌的形象。例如，日本索尼公司生产的数码相机、数码摄像机等数码产品的包装，从包装视觉设计到包装结构设计都很有特点，标志、色彩、结构融为一体，表现出了索尼公司产品高品质的形象，但目前国内大多数电子企业的产品包装，还没有形成强有力的品牌效应。虽然国内一些知名企业开始聘请广告公司为企业进行产品的包装设计，但是却很少有技术专家参与，也很少有因为结构创新而获得奖项的。

一、电子产品的特点

电子产品属于技术密集型产品。随着科技的日益进步，电子产品由电子管发展到晶体管、集成电路，直到如今的超大型集成电路。电子零部件的尺寸越来越精细，电路板的走线越来越复杂，越来越细小，对外界环境的要求也越来越高。其主要原因有：一是电子产品内部构造复杂，零部件生产精密，不能承受外力的冲击、磕碰，严重时会造成致命伤害；二是怕潮湿，因为电子产品受潮后，大量水气浸入电路板形成水渍，造成短路，或使金属接口氧化；三是怕灰尘、油脂，灰尘、油脂的进入会妨碍电路板接点间的电流传导，污染内部线路，影响内部零件，造成损害；四是怕静电，因为过强的静电会击伤电子产品内的一些电子元件，造成零部件短路，最终直接损害整个机器；五是怕热、怕高温，因为过热的高温环境不但会使电子产品的外观受损，也会使内部的一些零件性能不稳，直接影响产品的使用功能。这些问题在设计时都是应特别考虑和注意的。

二、电子产品包装的缓冲设计

1. 缓冲设计方法

（1）全面缓冲。采用全封闭性缓冲设计，使用对象一般为极易碎制品和精密电子仪器，缓冲形式有左右套衬和上下天地盖两种。

（2）局部缓冲。选择结构强度较弱的地方为主要保护对象，使产品振动时应力分散，一般采用局部左右套衬、上下盖、棱角边垫条、垫块、垫片等，适用于收音机、电视机及脆值强度大于 60G 的产品。

（3）浮吊缓冲。主要使产品悬挂浮动不受大的冲击和振动。产品置于木框或铁框之间，采用弹簧拉绳等，这种设计防震性能优良但成本较高，一般用于装备性产品或价格昂贵的产品。

2. 缓冲材料

电子产品的缓冲材料分为外包装和内包装两种。外包装是保护产品免受损坏的有效方法，最典型和最常用的外包装是瓦楞纸箱，部分大而重的产品采用蜂窝纸板包装箱。内包装的最主要功能是提供内装物的固定和缓冲，有多种内部包装材料及方法可供选择。

（1）发泡塑料作为传统的缓冲包装材料，有质量轻、保护性能好、适用范围广等优势。特别是发泡塑料可以根据产品形状预制成相关的缓冲模块，应用起来十分方便。目前，电子产品包装材料以 EPE 和 EPS 为主。EPE 是目前国际上比较认可的环保材料，主要用于易碎品的包装，成本比较高。EPS 可以模塑成型，因此成本很低，但是回收率太低，不环保。

（2）气垫薄膜也称气泡薄膜，是指在两层塑料薄膜之间采用特殊的方法封入空气，使薄膜之间连续均匀地形成气泡。气泡有圆形、半圆形、钟罩形等形状。气垫薄膜对于轻型物品能提供很好的保护效果。作为软性缓冲材料，气泡薄膜可被剪成各种规格，可以包装几乎任何形状或大小的产品。气垫薄膜的缺点在于易受其周围气温的影响而膨胀或收缩。膨胀将导致外包装箱和被包装物的损坏，收缩则导致包装内容物的移动，从而使包装失稳，最终引起产品的破损，而且其抗戳穿强度较差，不适于包装带有锐角的易碎品。

三、电子产品包装的防静电设计

静电对电子行业的影响在 20 世纪 60 年代以后开始普遍存在，尤其对对静电非常敏感的 MOS 器件影响巨大。到 20 世纪八九十年代，随着集成电路的密度越来越大，其二氧化硅膜的厚度越来越薄，承受静电电压能力越来越低，而且产生和积累静电的材料如塑料、橡胶的大量使用，使得静电影响越来越严重。近年来，美国电子行业因静电损坏而造成的直接损失每年高达 200 亿美元，而潜在损失更是不可估量，因此，使用良好的防静电性能的包装材料尤为重要。例如，使用防静电屏蔽材料作为电子产品的内包装。现在已开发了许多改良的适用于各种用途的塑料复合材料，既廉价又能满足防静电的功能要求。

四、数码电子产品的包装设计

在设计数码电子产品的包装时，要体现出数码电子产品的科技感、时尚感、年轻感。文字、色彩和图形都应具有很强的现代感及视觉冲击力。每一件数码电子产品包装都有 4～6 个面，每一个面既是独立的，又与整体有着密切的联系，所以应该让每一个面都会讲话，都能成为宣传商品的广告媒体。图 7-24 所示为飞利浦 E8 智慧型计算机外箱，其品牌形象及型号得以多面展示。另外，设计包装时还需要安排好画面的主次关系，以达到良好的视觉流程效果。

用于数码电子产品包装的文字内容有品牌名称、商品名称、广告语、说明文字。品牌名称、商品名称、广告语一般放在包装的主要展示面，大多采用设计字体和极富个性的字体，品牌名称及商品名称需强烈醒目（图 7-25）。说明文字包括品质说明、使用说明、成分、一些主要性能、公司名称、地址、电话等，一般放在包装的侧面，或单独制成小册装在包装盒内。

数码电子产品包装的色彩常采用金属色和黑色等为基调，体现出男性气息，同时，数码电子产品作为精致的产品，常用各种灰调性色彩，以突出产品的高级性。蓝绿也是体现高科技产业理性特点的常用色调，尤其是在和黑色、金属色搭配的情况下（图 7-26～图 7-28）。随着电子产品市场的细分化及产品的日益多样化，数码电子产品的色彩也变得多彩起来，鲜艳明快的色彩使得数码电子产品更具亲和力。如图 7-29 所示，高彩度与无彩度的搭配鲜明而沉着，信息简单明确。图 7-30 所示为计算机系列产品的包装，色彩运用大胆，既有橙和黄的同色系搭配，又运用了少量的绿色进行对比，效果突

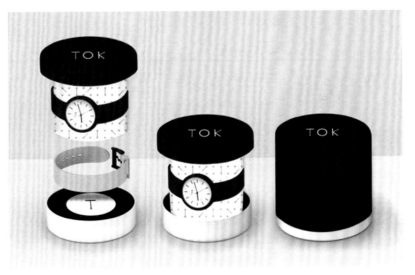

图 7-24　飞利浦 E8 智慧型计算机外箱　　　　　图 7-25　数码电子产品包装（一）

出。图 7-31 所示为通信产品包装，整个色调围绕品牌名称"Orange"而设计。

购买数码电子产品时，一般都不允许打开包装盒看里面的产品，而摄影能够直接再现产品，这也是电子产品包装以摄影技术直观表现产品的原因所在（图 7-32 和图 7-33）。图 7-34 所示为手机包装盒设计中，摄影手法突

出产品信息，角度的独特产生了强烈的视觉效果。抽象图形具有高度概括、归纳的特点，通过点、线、面的构成展示电子产品的高科技感、速度感、时代感。绘画图形在自由抒发情感、表现丰富的幻想、描绘超越时空的奇思妙想方面具有优势，特别是现在非常重视差异化的销售策略，使绘画图形更能再现其独特的个性（图 7-35 ~ 图 7-37）。

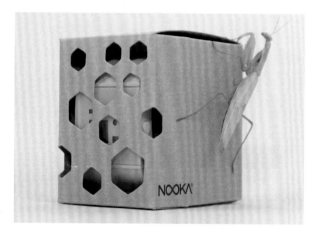

图 7-26　数码电子产品包装（二）

图 7-27　数码电子产品包装（三）

图 7-28　数码电子产品包装（四）

图 7-29　数码电子产品包装（五）

图 7-30　计算机系列产品包装

图 7-31　通信产品包装

图 7-32　摄影手法直观表现（一）　　　　图 7-33　摄影手法直观表现（二）　　　　图 7-34　摄影手法直观表现（三）

图 7-35　绘画图形表现（一）　　　　　　　　　图 7-36　绘画图形表现（二）

图 7-37　绘画图形表现（三）

任务四　礼品包装设计

中国自古以来就是礼仪之邦。"礼"是指代礼节、礼貌、尊敬或表示尊敬的言行；礼品则是人们为了表达敬意、庆贺等感情而赠送的物品。它是人与人联系情感、传递敬意的重要媒介，总是与人类美好的情感联系在一起。每逢佳节人们常常互赠礼品以表达心意。古语云："千里送鹅毛，礼轻情义重。"如何通过包装设计把情感表达出来，使礼品的传递真正做到传情达意，是值得人们认真探讨的问题。

一、礼品包装的附加价值

1. 精神上的附加价值

优秀的礼品包装能够对受礼者倾吐心声，述说礼品的内涵、特点和属性，表达送礼者的情意，激发受礼者的感情回应，拉近二者之间的距离，这也许要比一眼就看到赤裸裸的、没有包装的礼品多了许多意想不到的精神上的享受。由此可见，优秀的礼品包装不但可以提高礼品的身价，而且还能补充和丰富送礼者的心意，使受礼者获得意料之外的精神上的享受和满足。

2. 经济上的附加价值

当礼品使用之后，精美、耐久的包装还可以保存下来继续使用，制作工艺精巧的可以作装饰，结实耐用的可以盛放物品或作其他用途，而且在此过程中，还可以继续宣传产品。

二、现代礼品包装设计的特点

大众心目中的礼品包装通常和"华贵""气派"等词语联系在一起，因为礼品包装无论从材质、结构、装饰还是从制作工艺上显然比其他包装更为考究。从我国唐代和明清时代讲究精湛工艺的礼品包装，到维多利亚时代包装烦琐的装饰风格，再到当代某些单纯追求精巧华丽的礼品包装，均代表了礼品包装给人的一贯印象：注重图案、华丽、精致、复杂、奢侈。随着现代化的发展，世界各国各民族联系越来越密切，丰富多彩的文化相互影响、相互渗透，给礼品包装带来了更为广阔的设计空间。设计师不再一味地追求华丽、奢侈的过度包装，而是表现出多种风格。或朴实清新或华贵典雅，或简约明快或浪漫温馨，或诙谐幽默或童趣盎然，或含蓄稳重或热烈张扬。这些体现出的不同文化特征，正是各个国家、地区不同时期、不同民族的文化精神之所在（图7-38～图7-42）。

与一般商品的包装不同，礼品包装设计的最大特点在于礼盒的设计。礼盒在实现保护商品功能的同时，还有通过具体的形象传达情意的特殊作用（图7-43和图7-44）。礼盒根据不同的节日或不同的对象来设计造型，如用心形代表诚意，用圆柱体代表团圆、圆满，用元宝形代表富贵等。图7-45所示是日本某著名影星经营的流行商品店的礼品用包装盒，

图7-38　礼品包装（一）　　　　　　　　图7-39　礼品包装（二）

图7-40　礼品包装（三）　　　图7-41　礼品包装（四）　　　图7-42　礼品包装（五）

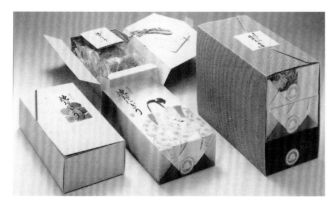

图7-43　礼盒设计（一）　　　　　　　　图7-44　礼盒设计（二）

包装盒设计成钻石型，呈银灰色，体现了礼品的高贵品质。图7-46是日本设计公司MADY设计制作的包装手绢、领带的礼品盒，六角形柱体盒形配合手写的英文字句，典雅浪漫。

礼品盒的材料极其重要，而材料因材质相异，表现力也不同，光滑细腻的材料显得轻盈，粗糙的外表看起来沉重，木质纹理清晰、手感温和，给人亲切朴素的感觉。一般来说，天然材料给人感觉亲切而温暖，人工材料显得机械而冷漠。图7-47所示是日本大阪某一餐厅为包装葡萄酒

杯而设计制作的礼品包装盒，藕灰色硬卡纸使礼品充满温情。在礼盒包装上系上樟木片、羽毛或一朵鲜花，或加上飘带或丝带来装饰、美化礼品，可增加礼品的艺术效果，起到画龙点睛的作用（图7-48～图7-51）。

先进的印刷机器和印刷工艺使礼品包装朝多样化方向发展，也使其焕发出更大的艺术魅力（图7-52）。不同的印刷工艺会带给人完全不一样的感受，印刷工艺如果应用得当，会大大增加礼品的含金量，带给消费者全新的感受。

图7-45 钻石型礼品包装盒

图7-46 包装手绢、领带的礼品盒

图7-47 包装葡萄酒杯的礼品盒

图7-48 外加装饰（一）

图7-49 外加装饰（二）

图7-50 外加装饰（三）

图7-51 外加装饰（四）

图7-52 应用先进印刷工艺

三、现代礼品包装设计的思路

从现代礼品包装的生产方式角度来讲，现代礼品包装的设计思路可分为以下三种：

（1）由产品厂家生产，为满足消费者送礼的需要，作为企业产品包装形式的一种，以销售为目的，这也是传统礼品包装设计的思路。如化妆品企业的礼盒设计，多以系列化的组合包装的形式呈现（图 7-53 和图 7-54）。此外，企业都会推出专门为节日或特殊纪念日而设计的礼品包装（图 7-55）。图 7-56 所示是日本名牌 LACOSTE 商品的礼品盒，画面上用单纯的线条和造型组成圣诞树和其他圣诞礼品的形态，充满情意。同为圣诞礼盒，图 7-57 的设计则更为传统，红绿两种颜色营造了喧闹的节日气氛。图 7-58 所示是日本老字号店铺"伊势酱油"的搬迁纪念包装盒，造型新颖独特。

（2）由企业专门定制，作为企业整体形象宣传的一部分，以此提高企业知名度或地位，不以营利为目的。一般这类礼品包装在设计中重在展示企业文化与形象。这是随着企业形象设计的普及，带来的礼品包装的一种新设计思路。图 7-59 ～图 7-61 所示是三鱼设计公司设计的鱼形假日礼品。该公司每年都为当年的客户赠送印有该公司名称的装饰品来加深客户对其品牌的印象，该公司负责人说："我们的客户每年收到礼物时都满心欢喜，并且盼望明年仍然继续。"图 7-62 是"日本美术印刷"的礼品香槟酒和葡萄酒的包装盒，包装盒是用废旧报纸经过溶解、成型的再生纸制造的"绿色包装"，造型朴实无华，充满温柔的人性，体现了企业的环保理念并树立了良好的企业形象。

（3）近年来，随着对城市形象宣传的重视，由政府部门定制购买，作为政府部门之间交流的礼品不断出现。这类礼品包装设计既要体现政府部门的庄重，又要体现城市的风俗文化特色，因此对设计的要求相对较高。

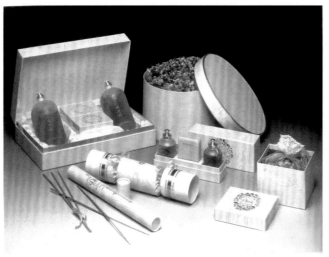

图 7-53　系列化化妆品礼盒（一）

图 7-54　系列化化妆品礼盒（二）

图 7-55　系列化化妆品礼盒（三）

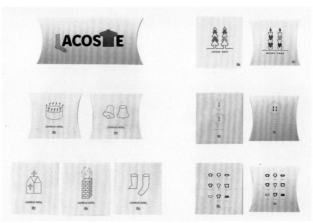

图 7-56　LACOSTE 圣诞礼品盒

图 7-57　圣诞礼盒

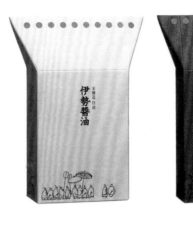

图 7-58　伊势酱油搬迁纪念包装盒

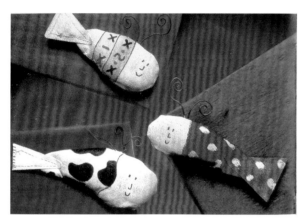

图 7-59　三鱼设计公司设计的鱼形假日礼品（一）

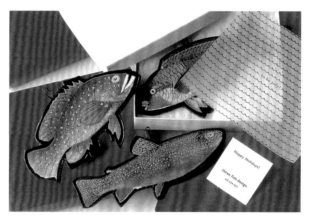

图 7-60　三鱼设计公司设计的鱼形假日礼品（二）

图 7-61　三鱼设计公司设计的鱼形假日礼品（三）

图 7-62　"日本美术印刷"的礼品包装盒

礼品包装设计

思/考/与/实/训

1. 简述化妆品包装设计的现状和走向。
2. 食品包装设计的基本要素有哪些？
3. 为什么要进行电子产品包装的防静电设计？
4. 根据礼品包装设计的特点，选取市场上某一产品，针对某一节日进行礼品包装设计。

参考文献

［1］房丹，窦杉. 包装设计［M］. 北京：中国建材工业出版社，2014.

［2］刘燕，王兆阳. 包装设计［M］. 2版. 南京：南京大学出版社，2015.

［3］刘晖. 包装设计［M］. 沈阳：辽宁美术出版社，2014.

［4］张馨悦，曹舒. 包装设计［M］. 南京：南京大学出版社，2017.

［5］林粤湘，张宜金. 包装设计实训［M］. 南京：南京大学出版社，2019.

［6］曾敏. 包装设计［M］. 重庆：西南师范大学出版社，2017.

［7］毛德宝. 包装设计［M］. 南京：东南大学出版社，2011.